U0240591

全国技工院校"十二五"系列规划教材

中国机械工业教育协会推荐教材

模具 CAD/CAM（UG）

主　编　刘卫民

副主编　韩成国

参　编　栾虔勇　高维珊　韩青艺　于蕾蕾

机械工业出版社

本教材以模具设计与制造专业 CAD/CAM（UG）的教学内容为主线，采用任务驱动的模式进行编写，内容涵盖了 UG NX 8.0 软件的大部分基础功能，常用命令的使用方法及技巧，可使学生在各种不同任务的实施过程中快速掌握 UG NX 8.0 的使用技巧。本教材主要内容包括：UG NX 8.0 基础知识、基本体建模、草图建模、曲面建模、装配体建模、工程图、UG CAM 及注塑模具设计。本书配有电子课件，还配有任务源文件、练习题和带语音讲解的视频教学文件。

　　本教材可作为模具设计与制造专业教材，供各类技工院校、职业技术院校模具设计与制造专业师生使用，也可供 UG 软件自学者使用。

图书在版编目（CIP）数据

模具 CAD/CAM（UG）/刘卫民主编. —北京：机械工业出版社，2013.10
（2025.1 重印）
全国技工院校"十二五"系列规划教材
ISBN 978 – 7 – 111 – 44473 – 2

Ⅰ.①模…　Ⅱ.①刘…　Ⅲ.①模具 – 计算机辅助设计 – 技工学校
– 教材②模具 – 计算机辅助制造 – 技工学校 – 教材　Ⅳ.①TG76 – 39

中国版本图书馆 CIP 数据核字（2013）第 248221 号

机械工业出版社（北京市百万庄大街 22 号　邮政编码 100037）
策划编辑：赵磊磊　责任编辑：赵磊磊
版式设计：常天培　责任校对：陈　越
封面设计：张　静　责任印制：郜　敏
北京富资园科技发展有限公司印刷
2025 年 1 月第 1 版第 4 次印刷
184mm × 260mm · 16.75 印张 · 412 千字
标准书号：ISBN 978 – 7 – 111 – 44473 – 2
定价：39.80 元

电话服务　　　　　　　　　　网络服务
客服电话：010-88361066　机 工 官 网：www.cmpbook.com
　　　　　010-88379833　机 工 官 博：weibo.com/cmp1952
　　　　　010-68326294　金 书 网：www.golden-book.com
封底无防伪标均为盗版　机工教育服务网：www.cmpedu.com

序

"十二五"期间，加速转变生产方式，调整产业结构，将是我国国民经济和社会发展的重中之重。而要完成这种转变和调整，就必须有一大批高素质的技能型人才作为后盾。根据《国家中长期人才发展规划纲要（2010—2020年）》的要求，至2020年，我国高技能人才占技能劳动者的比例将由2008年的24.4%上升到28%（目前一些经济发达国家的这个比例已达到40%）。可以预见，作为高技能人才培养重要组成部分的高级技工教育，在未来的10年必将会迎来一个高速发展的黄金期。近几年来，各职业院校都在积极开展高级工培养的试点工作，并取得了较好的效果。但由于起步较晚，课程体系、教学模式都还有待完善与提高，教材建设也相对滞后，至今还没有一套适合高级技工教育快速发展需要的成体系、高质量的教材。即使一些专业（工种）有高级工教材也不是很完善，或是内容陈旧、实用性不强，或是形式单一、无法突出高技能人才培养的特色，更没有形成合理的体系。因此，开发一套体系完整、特色鲜明、适合理论实践一体化教学、反映企业最新技术与工艺的高级工教材，就成为高级技工教育亟待解决的课题。

鉴于高级技工教材短缺的现状，机械工业出版社与中国机械工业教育协会从2010年10月开始，组织相关人员，采用走访、问卷调查、座谈等方式，对全国有代表性的机电行业企业、部分省市的职业院校进行了历时6个月的深入调研。对目前企业对高级工的知识、技能要求，各学校高级工教育教学现状、教学和课程改革情况以及对教材的需求等有了比较清晰的认识。在此基础上，他们紧紧依托行业优势，以为企业输送满足其岗位需求的合格人才为最终目标，组织了行业和技能教育方面的专家精心规划了教材书目，对编写内容、编写模式等进行了深入探讨，形成了本系列教材的基本编写框架。为保证教材的编写质量、编写队伍的专业性和权威性，2011年5月，他们面向全国技工院校公开征稿，共收到来自全国22个省（直辖市）的110多所学校的600多份申报材料。组织专家对作者及教材编写大纲进行了严格评审，决定首批启动编写机械加工制造类专业、电工电子类专业、汽车检测与维修专业、计算机技术相关专业教材以及部分公共基础课教材等，共计80余种。

本套教材的编写指导思想明确，坚持以达到国家职业技能鉴定标准和就业能力为目标，以各专业的工作内容为主线，以工作任务为引领，由浅入深，循序渐进，精简理论，突出核心技能与实操能力，使理论与实践融为一体，充分体现"教、学、做合一"的教学思想，致力于构建符合当前教学改革方向的，以培养应用型、技术型、创新型人才为目标的教材体系。

本套教材重点突出了如下三个特色：一是"新"字当头，即体系新、模式新、内容新。

体系新是把教材以学科体系为主转变为以专业技术体系为主；模式新是把教材传统章节模式转变为以工作过程的项目为主；内容新是教材充分反映了新材料、新工艺、新技术、新方法。二是注重科学性。教材从体系、模式到内容符合教学规律，符合国内外制造技术水平实际情况。在具体任务和实例的选取上，突出先进性、实用性和典型性，便于组织教学，以提高学生的学习效率。三是体现普适性。由于当前高级工生源既有中职毕业生，又有高中生，各自学制也不同，还要考虑到在职人群，教材内容安排上尽量照顾到了不同的求学者，适用面比较广泛。

此外，本套教材还配备了电子教学课件，以及相应的习题集，实验、实习教程，现场操作视频等，初步实现教材的立体化。

我相信，本系列教材的出版，对深化职业技术教育改革、提高高级工培养的质量，都会起到积极的作用。在此，我谨向各位作者和所在单位及为这套教材出力的学者表示衷心的感谢。

原机械工业部教育司副司长
中国机械工业教育协会高级顾问

郭广发

前　言

UG（Unigraphics NX）是 Siemens PLM Software 公司出品的 CAD/CAE/CAM 一体化机械工程计算机软件，该软件不仅具有强大的实体造型、曲面造型、虚拟装配和产生工程图等设计功能，还可进行有限元分析、机构运动分析、动力学分析和仿真模拟来提高设计的可靠性。UG 提供的参数化的设计功能，可以对零件建模进行参数控制。对建立的三维模型可以直接生成数控代码，用于产品的实际加工。它所提供的二次开发语言 UG/Open GRIP、UG/Open API 简单易学，便于用户二次开发。因此，UG 软件在机械、汽车、航空、电器等众多领域得到了广泛的应用。

本教材以模具设计与制造专业 CAD/CAM（UG）的教学内容为主线，采用任务驱动的模式进行编写，每个任务都目的明确，让学生在完成任务的过程中掌握知识和技能，重在培养学生分析问题、解决问题的能力。本教材在任务中设置了学习目标、任务描述、相关知识、任务实施等环节，并有"温馨提示"、"试一试"和"想一想"等小栏目，便于调动学生学习的积极性。本教材内容涵盖了 UG NX 8.0 软件的大部分基础功能，常用命令的使用方法及技巧，可使学生在各种不同任务的实施过程中快速掌握 UG NX 8.0 的使用技巧。本教材主要内容包括：UG NX 8.0 基础知识、基本体建模、草图建模、曲面建模、装配体建模、工程图、UG CAM 及注塑模具设计。本书配有电子课件，还配有任务源文件、练习题和带语音讲解的视频教学文件，读者可扫描下面二维码下载。

本教材可作为模具设计与制造专业教材，供各类技工院校、职业技术院校模具设计与制造专业师生使用，也可供 UG 软件自学者使用。

本教材由青岛技师学院刘卫民、韩成国、栾虔勇、高维珊、韩青艺、于蕾蕾编写，其中刘卫民任主编，韩成国任副主编。本教材建议学时为 135 个，具体如下：

单元	内　容	讲授	练习	合计
1	UG NX 8.0 基础知识	3	1	4
2	基本体建模	20	20	40
3	草图建模	9	9	18
4	曲面建模	9	9	18
5	装配体建模	6	9	15
6	工程图	6	6	12
7	UG CAM	9	9	18
8	注塑模具设计	9	1	10

由于编者水平有限，错误和不妥之处在所难免，敬请广大读者批评指正。

编　者

目　录

单元 1　UG NX 8.0 基础知识

学习目标

1. 了解 UG NX 8.0 的界面，掌握软件的启动、退出方法，会进行 UG 文件的新建、保存、关闭和打开。

2. 学会 UG NX 8.0 的常用操作：进入不同模块、添加命令和工具条、设置图层、建立坐标系，了解过滤器、点构造器、矢量构造器。

3. 学会鼠标和键盘的常用操作方法。

任务 1　了解 UG NX 8.0 文件管理与工作界面

任务描述

启动 UG NX 8.0 软件，创建一个新文件，了解工作界面，保存并关闭该文件，退出软件。

任务实施

1. 启动 UG NX 8.0

启动 UG NX 8.0 中文版常有以下两种方法。

1）双击桌面上的快捷方式图标，启动 UG NX 8.0。

2）在桌面上选择：开始 → 程序(P) → Siemens NX 8.0 → NX 8.0，启动 UG NX 8.0。软件启动后，界面如图 1-1 所示。

2. 新建文件

单击"新建"图标，弹出如图 1-2 所示对话框，"模型"选项为默认，输入文件名称以后，单击"确定"，进入工作界面，如图 1-3 所示。

> **温馨提示**：UG NX 8.0 的文件名称不支持中文字符，只可用字母或者数字作为文件名称。保存路径中也不能出现中文，否则会出现找不到文件的提示。

（1）标题栏　主要用来显示软件的版本、当前模块、文件名称及其状态等信息。

（2）菜单栏　采用常见的下拉方式，主要用来向用户提示操作步骤以及如何操作。

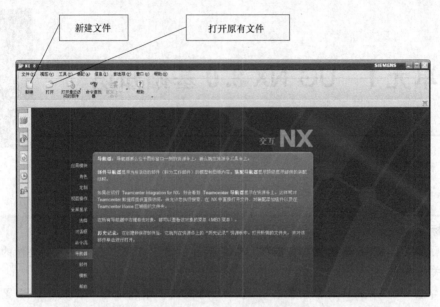

图1-1　UG NX 8.0启动后的界面

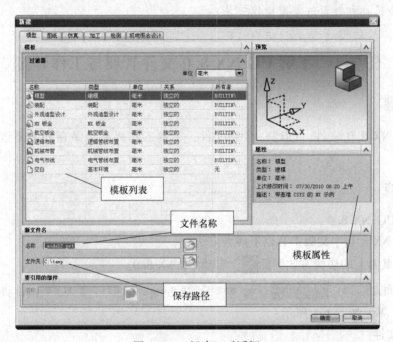

图1-2　"新建"对话框

（3）工具条　在菜单栏的下方，由一组可视化操作的命令按钮组成，每个命令按钮都用形象化的图标表示其对应的功能。工具条可以以固定或浮动的形式出现在窗口中，如果鼠标指针停留在工具条按钮上，将会出现对应的功能提示。用鼠标将停靠状态下的任何工具条向主工作区拖动，工具条将会出现自己的标题栏，以便于分类识别。

1）标准工具条：包括文件系统的基本操作命令，与"文件"菜单中的某些命令相对应，如图1-4所示。

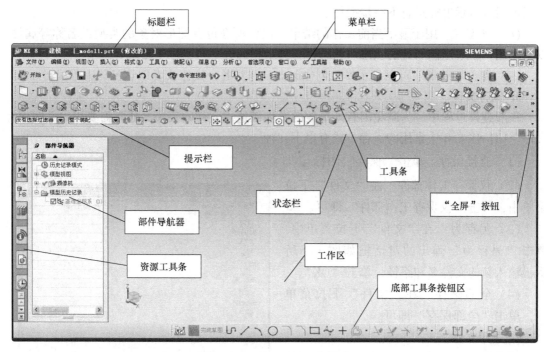

图1-3 UG NX 8.0工作界面

2）视图工具条：用来对工作区的模型进行显示，如图1-5所示。

3）曲线工具条：提供创建各种形状曲线的工具，如图1-6所示。

4）特征工具条：提供创建参数化特征实体模型的大部分工具，主要用于建立规则和不太复杂的模型，如图1-7所示。

图1-4 标准工具条

图1-5 视图工具条

图1-6 曲线工具条

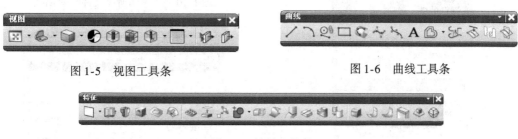

图1-7 特征工具条

（4）工作区 绘制图形的区域。

（5）提示栏 用于提示用户如何进行下一步操作。执行每一步命令时，软件都会自动在提示栏内显示怎样进行下一步操作。

（6）状态栏　用于显示当前操作的结果、鼠标所在位置图形对象的类型或名称等属性，以帮助用户了解当前所处的状态。状态栏与提示栏同处一行，位于右端。

（7）部件导航器　可以显示模型创建历史，并对各个实体或者创建步骤进行编辑。

3. 保存文件

一般建模过程中，为避免因意外事故的发生而造成文件的丢失，通常需要用户及时保存文件。UG NX 8.0 中常用的保存方式有以下几种。

（1）直接保存　单击"保存"图标 即可。

（2）仅保存工作部件　在"文件"下拉菜单中，单击"仅保存工作部件"即可。

（3）另存为　在"文件"下拉菜单中，单击"另存为"弹出的对话框如图1-8所示，输入新的文件名和路径，单击"OK"。

（4）全部保存　在"文件"下拉菜单中，单击"全部保存"即可。

4. 关闭文件

下面介绍 UG NX 8.0 中关闭文件常用的4种方式。

（1）单击"菜单栏"右上角的"关闭"图标，关闭文件。

图1-8　"另存为"对话框

（2）关闭选定的部件　在"文件"下拉菜单的"关闭"选项中，单击"关闭选定的部件"，弹出的对话框如图1-9所示。

（3）关闭所有文件　在"文件"下拉菜单的"关闭"选项中，单击"关闭所有文件"，弹出的对话框如图1-10所示。

图1-10　"关闭所有文件"对话框

图1-9　"关闭部件"对话框

图1-11　"命名部件"对话框

（4）保存并关闭　在"文件"下拉菜单的"关闭"选项中，单击"保存并关闭"，弹出的对话框如图1-11所示。

5. 退出 UG NX 8.0 软件

单击"标题栏"右上角的"关闭"图标 ⊠ ，退出 UG 软件。

任务2　了解 UG NX 8.0 常用工具与操作方法

📖 任务描述

进入 UG NX 8.0 软件中的不同模块，添加工具条和命令，了解图层、过滤器、点构造器、矢量构造器、坐标系的应用。

▲ 任务实施

1. UG NX 8.0 不同模块的选择

UG NX 8.0 功能非常强大，其所包含的模块也非常多，涉及工业设计与制造的各个层面。通过不同的功能模块来实现不同的用途，本书重点介绍以下4个常用的模块。

（1）建模模块

（2）制图模块

（3）加工模块

（4）装配模块

单击"标准"工具条中的"开始"图标 ⊕ 开始▾ ，弹出的下拉菜单如图1-12所示，单击不同的模块选项，即进入不同的操作界面。

图1-12　不同模块的选择

2. 添加工具条和命令

UG NX 8.0 菜单中的命令基本上都可以在工具条中找到，但有些工具条或者命令不常用，怎么将其添加到工作界面中呢？下面举例说明，添加工具条的步骤如图1-13所示。

（1）将"曲面"工具条添加到工作界面中　在工具条空白的地方单击右键，弹出"工具条"对话框，只要是前面有"√"的工具条，都是已经显示在工作界面中的，在列表中找到"曲面"并单击，弹出"曲面"工具条，将其拖到工作区合适位置即可。如果单击将其前面的"√"取消，则该工具条从工作界面上消失。

（2）将"加厚"命令添加到工具条中　单击"特征"工具条最后的黑色下拉箭头，弹出小对话框，移动鼠标至"添加或移除按钮"，弹出子菜单，移动到"特征"选项，在弹出的子菜单中，选择"加厚"图标，单击后，该图标出现在"特征"工具条中。

（3）将"长方体"命令添加到工具条中　单击"添加或移除按钮"子菜单中的"定制"，弹出"定制"对话框，单击"命令"选项卡，单击"插入"中的"设计特征"，在右侧列表中找到"长方体"图标，将其拖曳到工作区的工作栏中，关闭"定制"对话框即可。

图 1-13　添加工具条的步骤

3. 图层操作

图层是指放置模型对象的不同层次。为了方便管理模型对象，可以在不同的图层中放置不同属性的对象。UG 系统中共有 256 个图层，在每个组件的所有图层中，只有一个图层为工作层，所有的工作职能都是在工作层上进行。通常在创建比较复杂的模型时，为方便观察和操作，可以对其他图层的可见性、可选择性等进行设置，用来辅助建模工作。

图 1-14　"实用工具"工具条

在 UG NX 8.0 中，图层的有关操作集中在"实用工具"工具条上，如图 1-14 所示。

4. 过滤器

过滤器是选择几何体经常用到的命令，如图 1-15 所示。通过它可以选取自己想要选择的对象，过滤不需要的类型。常用的过滤类型有：常规选择过滤器、细节过滤器、图层过滤器、颜色过滤器、捕捉点、多选等。选择的过滤器的类型比较多，它们之间是可以配合使用的，不会发生冲突。在一定情况下某些过滤类型才能出现使用，比如先启用拉伸命令才能启用曲线规律和相交处停止过滤类型。

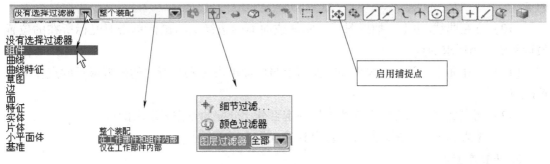

图1-15　过滤器

5. 点构造器

操作 UG 软件时，经常要确定某一点的位置，例如根据长、宽、高创建长方体时需要指定其原点（定点）的位置，这时可单击"长方体"对话框中的"点"对话框图标，弹出的对话框如图1-16所示，可以通过鼠标在绘图区捕捉点，或者直接输入点的三维坐标值生成点。

图1-16　"点"对话框

（1）自动判断的点　根据鼠标所指定的对象特点，由软件自动判断并选择点。这种方法操作简便，但容易产生误判。

（2）光标位置　捕捉鼠标单击时光标所在的位置并作为所求点。

（3）现有点　捕捉窗口中已存在的点作为所求的点。

（4）终点　捕捉图线端点作为所求的点。

（5）控制点　捕捉图线的控制点作为所求的点。

（6）交点　捕捉两图像相交的点作为所求的点。

（7）圆弧中心/椭圆中心/球心　捕捉圆（圆弧）、椭圆（椭圆弧）或球心的中心点作为所求的点。

（8）圆弧/椭圆上的角度　在圆（圆弧）或椭圆（椭圆弧）上捕捉与横向中心轴具有指定中心角的点作为所求的点。

（9）象限点　在圆（圆弧）或椭圆（椭圆弧）上捕捉与中心轴相交的点作为所求的点。

（10）点在曲线/边上　捕捉图线、实体或曲面的边缘上与鼠标单击时光标所在的位置最近的点作为所求的点。

（11）点在面上　捕捉实体表面或曲面上与鼠标单击时光标所在的位置最近的点作为所求的点。

（12）两点之间　捕捉两点连线上按一定百分比分配的点作为所求的点。

（13）按表达式　根据表达式计算得到的点作为所求的点。

6. 矢量构造器

创建几何图形时，经常需要确定方向，如根据直径和高度创建圆柱体时需要指定其轴线的方位，这时可单击"圆柱"对话框中的"矢量构造器"图标，弹出的对话框如图 1-17 所示。

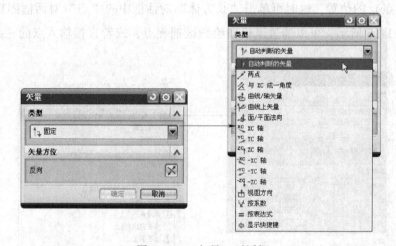

图 1-17　"矢量"对话框

（1）自动判断的矢量　根据鼠标所指位置对象特点，由软件自动判断并选择矢量。这种方法操作简便，但容易误判。

（2）两点　指定两个点，以从第一个点指向第二个点的矢量作为所求矢量。

（3）与 XC 成一角度　以 XC 轴为基准，按给定角度形成的矢量作为所求矢量。

（4）曲线/轴矢量　选择曲线、实体边缘或基准轴，根据所选对象特点判断矢量的方向。

（5）曲线上矢量　以曲线上指定点的切线、法线或副法线作为所求矢量方向。

（6）面/平面法向　以曲面或平面上指定点的法向矢量作为所求矢量。

（7）XC 轴（-XC 轴）　以 XC 的正方向（或负方向）作为所求矢量方向。

（8）YC 轴（-YC 轴）　以 YC 的正方向（或负方向）作为所求矢量方向。

（9）ZC 轴（-ZC 轴）　以 ZC 的正方向（或负方向）作为所求矢量方向。

（10）视图方向　使用视图方向来定义矢量。

（11）按系数　根据矢量的方向余弦定义矢量。在对话框中输入矢量的三个方向余弦值，可以采用直角坐标，也可以采用球坐标。

（12）按表达式　根据表达式计算得到矢量方向。

当软件按照选择的矢量形成方式确定的矢量有多解，且与所要求的矢量指向不相符时，可单击"矢量构造器"中的"反向"图标或"备选解"图标，在可能的解中进行切换。

7. 坐标系

UG NX 8.0 提供两种常用坐标系，分别是绝对坐标系 ACS（Absolute Coordinate System）和工作坐标系 WCS（Work Coordinate System）。其中绝对坐标系是系统默认的坐标系，其原点位置是固定不变的，即无法进行变化。而工作坐标系是系统提供给用户的坐标系，在 UG 建模过程中，有时为了方便模型各部位的创建，需要改变坐标系原点位置和旋转坐标轴的方向，即对工作坐标系进行变换，还可以对坐标系本身进行保存、显示或隐藏等操作。

创建坐标系的方法如下：选择"特征"工具条上的" 基准 CSYS "选项，弹出"基准 CSYS"对话框，如图 1-18 所示。在"类型"下拉列表中选择创建坐标系的方式，然后根据不同的创建方式，在对话框中进行设置或输入相应的参数，选择相应对象，创建新的坐标系。

图 1-18　"基准 CSYS"对话框

图 1-19　坐标系变换菜单

坐标系创建以后，也可以根据需要进行变换：打开"格式"下拉菜单，选择"WCS"选项，出现如图 1-19 所示的坐标系变换菜单，选择不同选项可对坐标系做相应变换。

（1）动态　可利用手柄动态移动或重新定向工作坐标系 WCS。

（2）原点　平行移动工作坐标系 WCS 的原点。

（3）旋转　绕现有坐标系的某一轴旋转工作坐标系 WCS。

（4）定向　重新定向工作坐标系 WCS 到新的坐标系。

（5）WCS 设置为绝对　将工作坐标系 WCS 移动到绝对坐标系位置上，并使二者坐标轴重合。

（6）更改 XC 方向　重新定向工作坐标系 WCS 的 XC 轴。

（7）更改 YC 方向　重新定向工作坐标系 WCS 的 YC 轴。

（8）显示　单击该图标，工作坐标系 WCS 在显示和隐藏两种状态之间切换。

（9）保存　将当前坐标系 WCS 的原点和方位创建的坐标系保存，便于在后续建模过程中根据用户需要随时调用。

试一试：鼠标的使用

1）MB1（左键）：单击，一般用来选择图形、菜单、图标或某个选项；双击表示执行某个命令。

2）MB2（中键）：在建模过程中切换操作步骤时，或者对话框中完成某个选项时，单击相当于接受输入；滚动用来放大或缩小模型；按住中键，对模型进行旋转观察。

3）MB3（右键）：单击，主要用来弹出快捷菜单；同时按住中键，可平移模型。

温馨提示：键盘常用按键的使用

1）Tab：在对话框内的不同区域内进行切换。

2）Shift + Tab：在对话框内的不同区域内往回切换，与 Tab 键相反。

3）Ctrl + 左键：在选中的多个对象中取消某个或某几个对象。

4）Alt + 中键：相当于取消（Cancel）。

5）Shift + 中键：平移模型。

练习题

1. 新建一个名称为"lianxi1"的 UG 模型文件，并把它保存在 E 盘以自己姓名的汉语拼音命名的文件夹中，然后关闭该文件。

2. 在 E 盘中，将"lianxi1"文件找到并打开，另存为"lianxi2"。

3. 将"曲面"、"曲线"工具条添加到 UG 工作界面中。

4. 将"偏置面"、"直纹面"、"局部剖视"命令添加到工具条中。

5. 退出 UG 软件。

单元2 基本体建模

许多物体都可以看做是由长方体、圆柱、圆锥、球、棱柱等基本体通过求和、求差或者求交而获得的各种组合体或者切割体，在此基础上再进行各种特征操作，即可获得最终的实体。

任务1 创建火箭模型

学习目标

1. 掌握圆柱、圆锥、球、长方体的创建方法，理解实体在坐标系中的位置。
2. 理解求和的概念，并会进行操作。
3. 掌握倒角的创建方法。
4. 会进行圆形阵列操作。

 任务描述

创建图2-1所示的火箭模型。该火箭模型由箭体与尾翼两大部分组成，其中箭体由圆柱、圆锥（台）、球构成，尾翼可以由长方体创建以后倒角来实现。

相关知识

1. 创建模型文件

启动 UG NX 8.0 之后，单击"标准"工具条中的"新建"图标，弹出"新建"对话框，输入文件名"huojian"，单击"确定"，进入建模界面，如图2-2所示。单击"基准平面"右侧黑色下拉箭头，选择"基准 CSYS"，弹出"基准 CSYS"对话框，单击"确定"，在绘图区创建基准坐标系，接下来就可以进行"火箭模型"的创建了（创建模型之前，最好创建出基准坐标系，以便观察和计算）。

2. 定制命令

单击菜单栏中的"工具"，弹出下拉菜单，选择"定制"，弹出"定制"对话框，单击"命令"选项卡，展开"插入"命令，选择"设计特征"，在右侧命令框中，单击需要的图标，按住鼠标左键，将其拖入到工具条中，如图2-3所示。在此，将本单元用到的基本体特征图标"长方体"、"圆柱体"、"圆锥"、"球"、"凸台"、"腔体"、"键槽"、"开槽"、

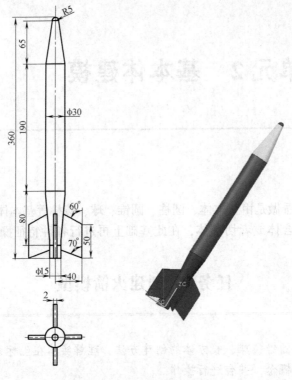

图 2-1　火箭模型

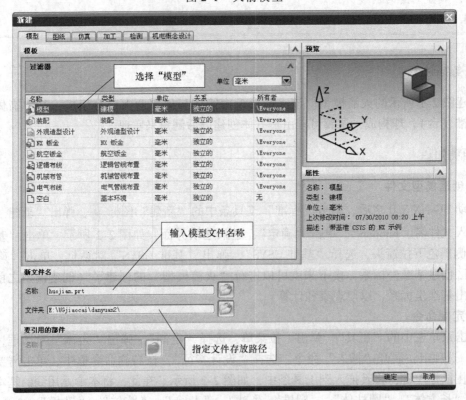

图 2-2　创建模型文件

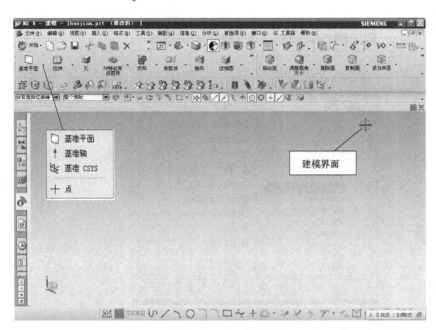

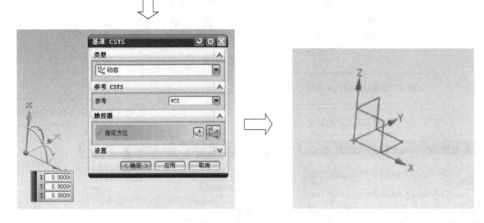

图 2-2 创建模型文件（续）

"NX5 版本之前的孔"、"螺纹"、"曲线"命令中的"多边形"都拖入到工具条中。定制完成后，单击"关闭"。

3. 长方体的创建

单击"特征"工具条中的"长方体"图标，弹出的对话框如图 2-4 所示。

4. 圆柱的创建

单击"特征"工具条中的"圆柱"图标，弹出的对话框如图 2-5 所示。

5. 圆锥的创建

单击"特征"工具条中的"圆锥"图标，弹出的对话框如图 2-6 所示。

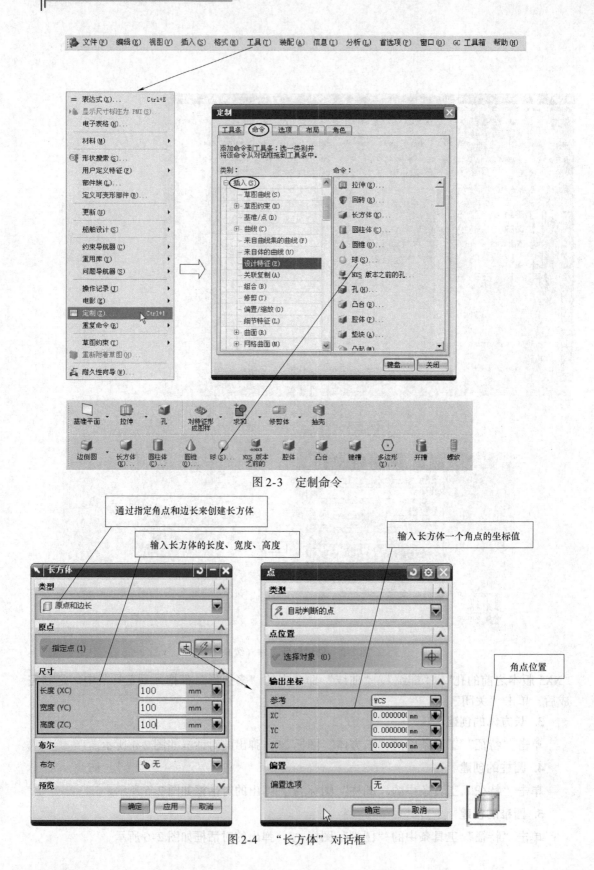

图 2-3　定制命令

图 2-4　"长方体"对话框

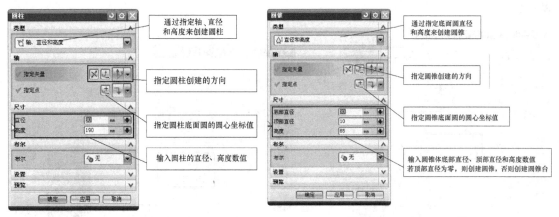

图 2-5　"圆柱"对话框　　　　　　　图 2-6　"圆锥"对话框

6. 球的创建

单击"特征"工具条中的"球"图标 ⚪，弹出的对话框如图 2-7 所示。

7. 求和

单击"特征"工具条中的"求和"图标 🔵，弹出的对话框如图 2-8 所示。

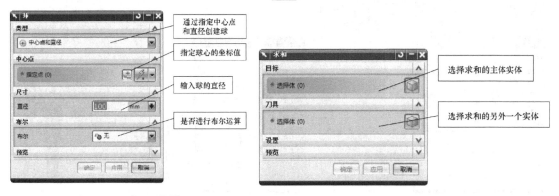

图 2-7　"球"对话框　　　　　　　图 2-8　"求和"对话框

🔺 任务实施

1. 创建箭体

（1）创建直径为 φ15 的箭尾圆柱按照图 2-9 所示步骤进行操作，具体说明见表 2-1。

表 2-1　箭尾圆柱创建步骤

序号	操 作 说 明	序号	操 作 说 明
1	单击"圆柱"图标,出现"圆柱"对话框	5	单击"确定",返回"圆柱"对话框
2	在绘图区,默认圆柱创建方向为 Z 轴正向	6	输入圆柱的直径15,高度20,其他参数默认
3	单击"指定点"选项中的"点构造器"图标 ⊞,出现"点"对话框	7	单击"确定"退出,完成圆柱的创建
4	输入圆柱底面圆的圆心坐标:X0,Y0,Z0		

（2）创建高度为 80 的尾锥圆台　按照图 2-10 所示步骤进行操作，具体说明见

表2-2。

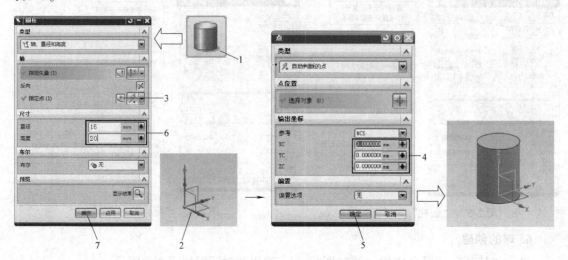

图 2-9　箭尾圆柱创建步骤

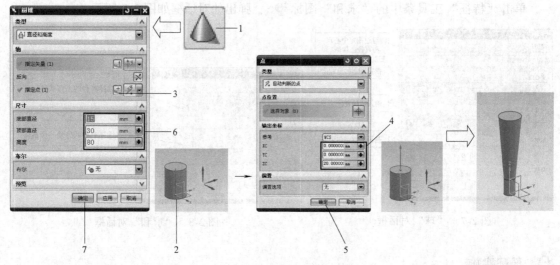

图 2-10　尾锥圆台创建步骤

表 2-2　尾锥圆台创建步骤

序号	操 作 说 明	序号	操 作 说 明
1	单击"圆锥"图标,出现"圆锥"对话框	5	单击"确定",返回"圆锥"对话框,绘图区圆锥创建点上移至 Z 轴正向 20 处
2	在绘图区,默认圆锥创建方向为 Z 轴正向	6	输入圆锥的底部直径 15,顶部直径 30,高度 80,其他参数默认
3	单击"指定点"选项中的"点构造器"图标🔲,出现"点"对话框	7	单击"确定"退出,完成圆锥的创建
4	输入圆柱底面圆的圆心坐标:X0,Y0,Z20		

（3）创建直径为 φ30 的箭体圆柱　按照图 2-11 所示步骤进行操作，具体说明见表 2-3。

（4）创建高度为65的头锥圆台　按照图2-12所示步骤进行操作，具体说明见表2-4。

（5）创建R5球　按照图2-13所示步骤进行操作，具体说明见表2-5。

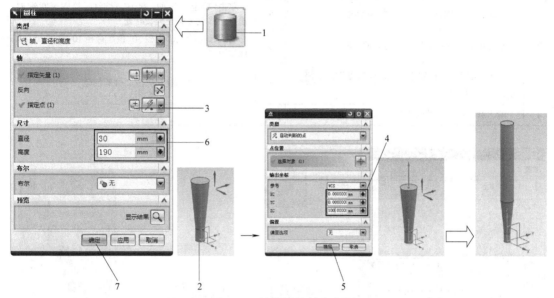

图2-11　箭体圆柱创建步骤

表2-3　箭体圆柱创建步骤

序号	操作说明	序号	操作说明
1	单击"圆柱"图标，出现"圆柱"对话框	5	单击"确定"，返回"圆柱"对话框，绘图区圆柱创建点上移至Z轴正向100处
2	在绘图区，默认圆柱创建方向为Z轴正向	6	输入圆柱的直径30，高度190，其他参数默认
3	单击"指定点"选项中的"点构造器"图标，出现"点"对话框	7	单击"确定"退出，完成圆柱的创建
4	输入圆柱底面圆的圆心坐标：X0，Y0，Z100		

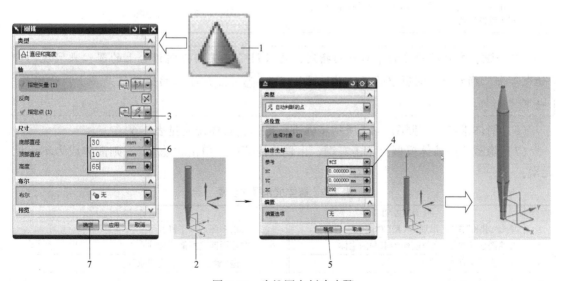

图2-12　头锥圆台创建步骤

表2-4 头锥圆台创建步骤

序号	操作说明	序号	操作说明
1	单击"圆锥"图标,出现"圆锥"对话框	5	单击"确定",返回"圆锥"对话框,绘图区圆锥创建点上移至Z轴正向290处
2	绘图区默认圆锥创建方向为Z轴正向	6	输入圆锥的底部直径30,顶部直径10,高度65,其他参数默认
3	单击"指定点"选项中的"点构造器"图标 ,出现"点"对话框	7	单击"确定"退出,完成圆锥的创建
4	输入圆柱底面圆的圆心坐标:X0,Y0,Z290		

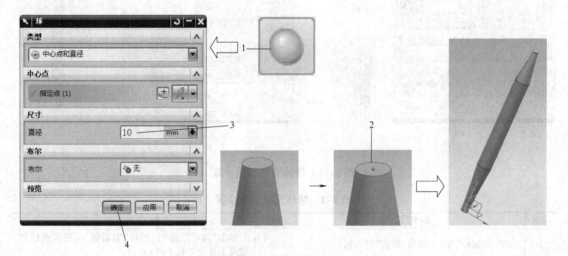

图2-13 球创建步骤

表2-5 球创建步骤

序号	操作说明	序号	操作说明
1	单击"球"图标,出现"球"对话框	3	输入球的直径10
2	在绘图区选择头锥圆台 φ10 圆面的边缘曲线,捕捉到该圆圆心	4	单击"确定"退出,完成拉伸

> **试一试**：本步骤中球的中心点的指定，是采用了直接捕捉圆锥台上的圆心来实现的。如果单击"指定点"选项中的"点构造器"图标 ，应该输入的坐标值是多少？试操作一下。

（6）箭体求和 按照图2-14所示步骤进行操作，具体说明见表2-6。

（7）隐藏 在箭体模型上单击右键，出现快捷菜单，单击"隐藏"，则箭体成为不可见元素。

表2-6 箭体求和操作步骤

序号	操作说明	序号	操作说明
1	单击"求和"图标,出现"求和"对话框	5	在绘图区选择尾锥圆台
2	在绘图区选择箭体圆柱,作为求和的主体	6	在绘图区选择箭尾圆柱
3	在绘图区选择头锥圆台	7	单击"确定"退出,完成求和
4	在绘图区选择球		

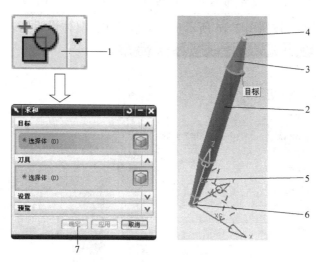

图 2-14 箭体求和操作步骤

> **试一试**：通过快捷键 Ctrl + B 也可以实现"隐藏"，试操作一下。

2. 创建尾翼

（1）创建厚度为 2 的长方体 按照图 2-15 所示步骤进行操作，具体说明见表 2-7。

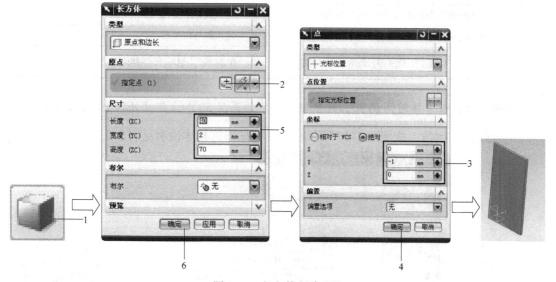

图 2-15 长方体创建步骤

表 2-7 长方体创建步骤

序号	操作说明	序号	操作说明
1	单击"长方体"图标,出现"长方体"对话框	4	单击"确定",返回主对话框
2	单击"指定点"选项中的"点构造器"图标，弹出"点"对话框	5	输入长方体的长度40,宽度2,高度70
3	输入长方体的角点坐标:X0,Y-1,Z0	6	单击"确定"退出,完成长方体的创建

想一想：本步骤中，长方体角点的坐标为什么选择（0，-1，0）？

（2）创建60°倒角　按照图2-16所示步骤进行操作，具体说明见表2-8。

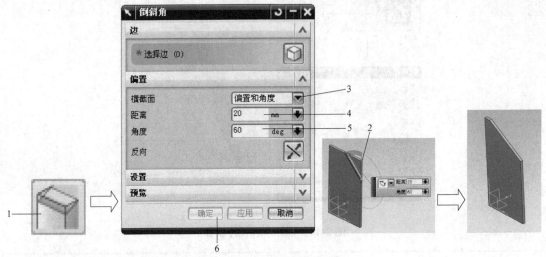

图 2-16　倒角 60°创建步骤

表 2-8　倒角 60°创建步骤

序号	操 作 说 明	序号	操 作 说 明
1	单击"倒斜角"图标，出现"倒斜角"对话框	4	输入倒角距离20
2	在绘图区，选择图示长方体的一条棱边	5	输入倒角角度60
3	单击"横截面"右侧向下小箭头▼，选择"偏置和角度"	6	单击"确定"退出，完成倒角创建

温馨提示： 长方体的高度70，是根据尾翼右侧高度50加上倒角距离20得出来的。

（3）创建20°倒角　按照图2-17所示步骤进行操作，具体说明见表2-9。

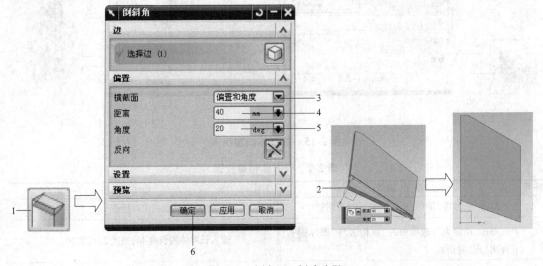

图 2-17　倒角 20°创建步骤

表 2-9 倒角 20°创建步骤

序号	操 作 说 明	序号	操 作 说 明
1	单击"倒斜角"图标,出现"倒斜角"对话框	4	输入倒角距离40
2	在绘图区,选择长方体靠近坐标系原点附近的一条棱边	5	输入倒角角度20
3	单击"横截面"右面向下小箭头▼,选择"偏置和角度"	6	单击"确定"退出,完成倒角创建

> **温馨提示**:利用"偏置和角度"创建斜角时,一定要注意观察绘图区倒角的偏置方向和角度的数值计算。偏置方向不对时,单击"反向"图标进行换向。角度不对时,采用其余角数值。

（4）显示箭体 按照图 2-18 所示步骤进行操作,具体说明见表 2-10。

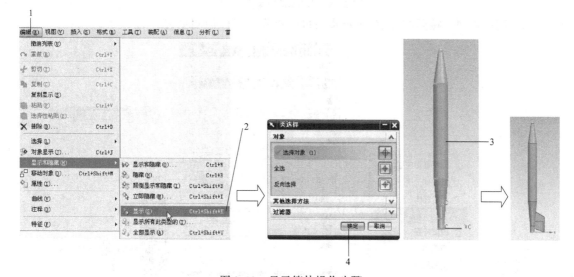

图 2-18 显示箭体操作步骤

表 2-10 显示箭体操作步骤

序号	操 作 说 明	序号	操 作 说 明
1	单击菜单栏中的"编辑"选项,出现"编辑"菜单	3	在绘图区,选择箭体
2	移动鼠标至"显示和隐藏",弹出子菜单,单击"显示",弹出"类选择"对话框	4	单击"确定"退出,箭体成为可见实体

> **试一试**:通过快捷键 Ctrl + Shift + K 也可以实现"显示",试操作一下。

（5）尾翼求和 按照图 2-19 所示步骤进行操作,具体说明见表 2-11。

表 2-11 尾翼求和操作步骤

序号	操 作 说 明	序号	操 作 说 明
1	单击"求和"图标,出现"求和"对话框	3	在绘图区选择尾翼
2	在绘图区选择箭体,作为求和的主体	4	单击"确定"退出,完成求和

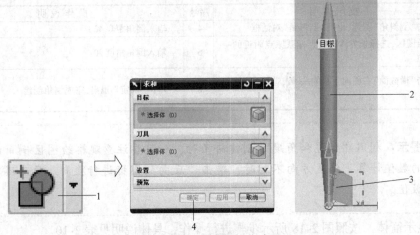

图 2-19　尾翼求和操作步骤

（6）尾翼阵列　按照图 2-20 所示步骤进行操作，具体说明见表 2-12。

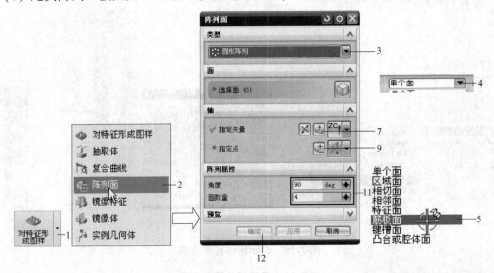

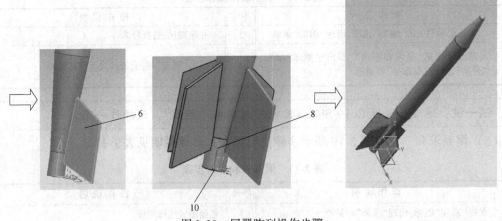

图 2-20　尾翼阵列操作步骤

表2-12　尾翼阵列操作步骤

序号	操 作 说 明	序号	操 作 说 明
1	单击"对特征形成图样"图标 对特征形成图样 右侧向下小箭头 ▼，弹出下拉菜单	7	单击"指定矢量"选项
2	单击"阵列面"，弹出"阵列面"对话框	8	在绘图区，选择Z轴作为圆形阵列的中心轴
3	在"类型"选项中选择"圆形阵列"	9	单击"指定点"选项
4	在绘图区，单击"单个面"右面向下小箭头 ▼，出现选择项	10	在绘图区，选择尾锥圆心，单击中键确定
5	选择"筋板面"	11	输入阵列的角度90，输入阵列的圆数量4
6	在绘图区，单击尾翼，选中尾翼的所有面	12	单击"确定"，完成圆形阵列

拓展与延伸

对象显示——将箭体圆柱改成红色

按照图2-21所示步骤进行操作，具体说明见表2-13。

表2-13　对象显示操作步骤

序号	操 作 说 明	序号	操 作 说 明
1	单击"编辑"菜单中的"对象显示"选项，弹出"类选择"对话框	6	单击"颜色"选项中右侧的方框，弹出"颜色"对话框
2	在绘图区，单击"没有选择过滤器"右面向下小箭头 ▼，出现选择项	7	单击"红色"的小方块，选中红色
3	选择"面"选项	8	单击"确定"，完成着色，返回到"编辑对象显示"对话框
4	在绘图区，单击箭体圆柱	9	单击"确定"，结束命令
5	单击"确定"，弹出"编辑对象显示"对话框		

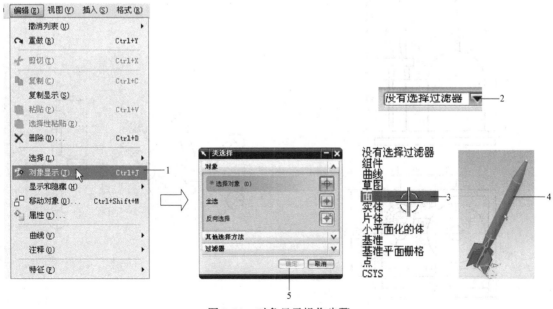

图2-21　对象显示操作步骤

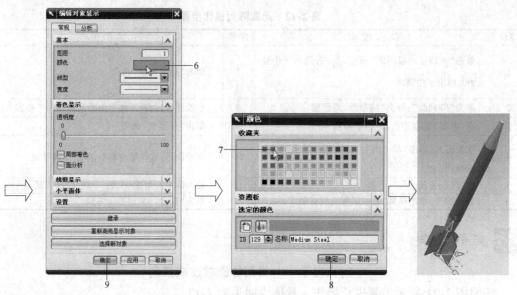

图 2-21　对象显示操作步骤（续）

试一试：如果在步骤9中不单击"确定"，而是单击"应用"，再单击"选择新对象"，则可以继续进行"编辑对象显示"操作。试将火箭模型的其他部分，改变成自己喜欢的颜色。

练习题

1. 创建图 2-22 所示的宫殿模型。
2. 创建图 2-23 所示的手阀轮。

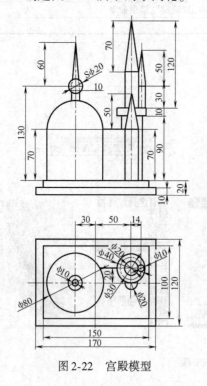

图 2-22　宫殿模型

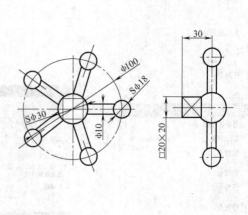

图 2-23　手阀轮

任务2　创建联接法兰盘

学习目标

1. 熟悉基本体创建，拓展倒角的创建，拓展实例特征的阵列。
2. 理解求差的概念，并会进行操作。
3. 会进行镜像特征的操作。
4. 掌握打孔操作方法，会倒圆角。

任务描述

创建图2-24所示的联接法兰盘。该法兰盘主要由长方形底座、圆柱筒身、圆柱联接盘组成。其中底座四角倒圆角，有四个螺栓孔；圆盘上有6个螺栓孔；筒身两边有凸台，并开有圆柱孔，与筒内大圆柱孔相通。

相关知识

1. 求差

单击"特征"工具条上的"求差"图标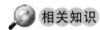，弹出的对话框如图2-25所示。

2. 镜像

当模型具有对称部分的时候，可以利用镜像操作，实现对称部分的创建。单击"特征"工具条上的"镜像特征"图标，弹出的对话框如图2-26所示。

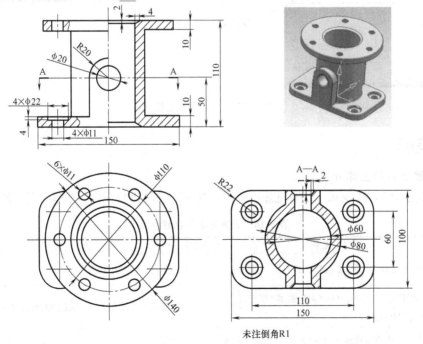

图2-24　联接法兰盘

图 2-25　"求差"对话框

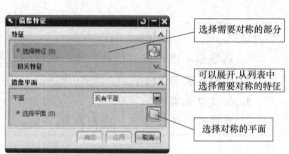

图 2-26　"镜像"对话框

3. 打孔

单击"特征"工具条上的"NX5.0 版本之前的孔"图标，弹出的对话框如图 2-27 所示。

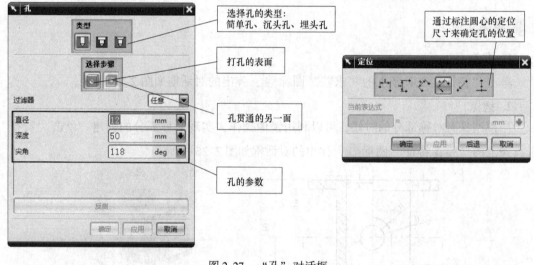

图 2-27　"孔"对话框

任务实施

1. 创建法兰盘主体外形

（1）创建 150×100×10 长方体底座按照图 2-28 所示步骤进行操作，具体说明见表 2-14。

表 2-14　长方体底座创建步骤

序号	操 作 说 明	序号	操 作 说 明
1	单击"长方体"图标 ，出现"长方体"对话框	4	单击"确定"，返回主对话框
2	单击"指定点"选项中的"点构造器"图标 ，弹出"点"对话框	5	输入长方体的尺寸：长度 150，宽度 100，高度 10
3	输入长方体的角点坐标：X-75，Y-50，Z0，将原点 X0、Y0、Z0 作为长方体的中心	6	单击"确定"退出，完成长方体的创建

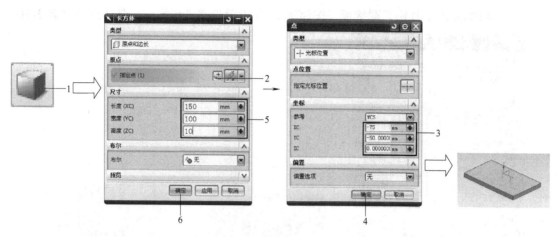

图 2-28　长方体底座创建步骤

温馨提示：为了观察方便，可单击"基准 CSYS"图标 ，将基准坐标系调出，便于以后建模。

（2）创建 φ80×100 主体圆柱　按照图 2-29 所示步骤进行操作，具体说明见表 2-15。

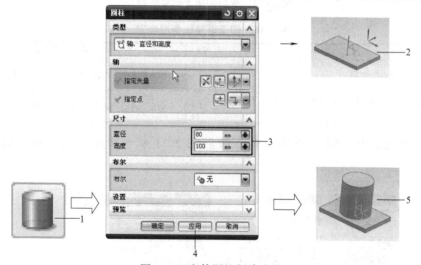

图 2-29　主体圆柱创建步骤

表 2-15　主体圆柱创建步骤

序号	操 作 说 明	序号	操 作 说 明
1	单击"圆柱"图标 ，出现"圆柱"对话框	4	单击"应用"，继续创建圆柱
2	在绘图区，默认圆柱创建方向为 Z 轴正向	5	φ80×100 的圆柱创建完毕
3	输入圆柱的直径 80，高度 100，默认圆心坐标为 (0,0,0)		

温馨提示：创建圆柱、圆锥或者长方体的时候，只要不特意指定圆心的坐标或者长方体的角点，则系统默认为 (0, 0, 0)。

（3）创建 φ140×10 圆盘联接板　按照图 2-30 所示步骤进行操作，具体说明见表 2-16。

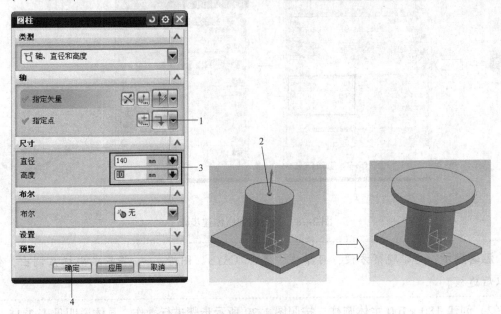

图 2-30　圆盘联接板创建步骤

表 2-16　圆盘联接板创建步骤

序号	操 作 说 明	序号	操 作 说 明
1	单击"指定点"选项	3	输入圆柱尺寸:直径140,高度10,其他参数默认
2	在绘图区单击 φ80×100 圆柱的上端圆,捕捉该圆心	4	单击"确定"退出,完成圆柱的创建

（4）创建 40×50×50 长方体凸台　按照图 2-31 所示步骤进行操作，具体说明见表2-17。

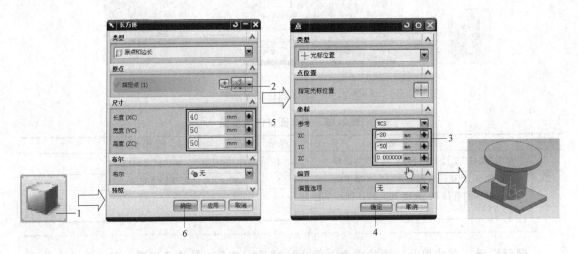

图 2-31　长方体凸台创建步骤

（5）创建 φ40×50 圆柱凸台　按照图 2-32 所示步骤进行操作，具体说明见表 2-18。

表 2-17   长方体凸台创建步骤

序号	操 作 说 明	序号	操 作 说 明
1	单击"长方体"图标，出现"长方体"对话框	4	单击"确定"，返回主对话框
2	单击"指定点"选项中的"点构造器"图标，弹出"点"对话框	5	输入长方体的尺寸：长度40，宽度50，高度50
3	输入长方体的角点坐标：X-20，Y-50，Z0	6	单击"确定"退出，完成长方体的创建

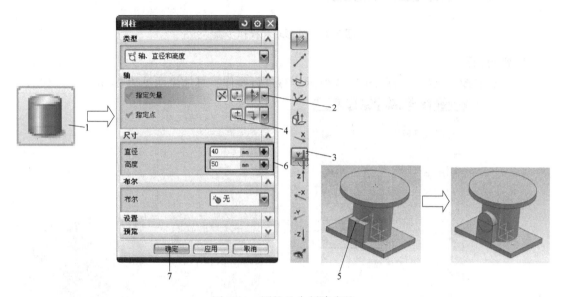

图 2-32   圆柱凸台创建步骤

表 2-18   圆柱凸台创建步骤

序号	操 作 说 明	序号	操 作 说 明
1	单击"圆柱"图标，出现"圆柱"对话框	5	在绘图区单击凸台长方体上边缘线，捕捉其中点
2	单击"指定矢量"选项中的向下黑色小箭头，出现下拉矢量选择项	6	输入圆柱尺寸：直径40，高度50
3	单击"+Y"选项	7	单击"确定"，退出创建圆柱
4	单击"指定点"选项		

温馨提示： 此步骤中指定圆柱创建方向时，也可以在绘图区直接选择 Y 轴。

（6）外形求和   按照图 2-33 所示步骤进行操作，具体说明见表 2-19。

表 2-19   外形求和操作步骤

序号	操 作 说 明	序号	操 作 说 明
1	单击"求和"图标，出现"求和"对话框	5	在绘图区选择凸台长方体
2	在绘图区选择长方体底座，作为求和的主体	6	在绘图区选择凸台圆柱
3	在绘图区选择圆柱筒身	7	单击"确定"退出，完成求和
4	在绘图区选择圆盘联接板		

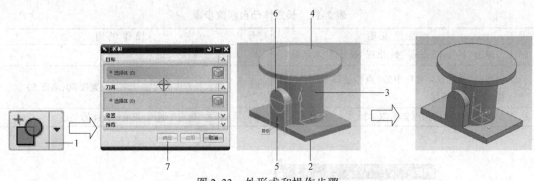

图 2-33 外形求和操作步骤

2. 创建内孔

（1）创建 φ60 圆柱 按照图 2-34 所示步骤进行操作，具体说明见表 2-20。

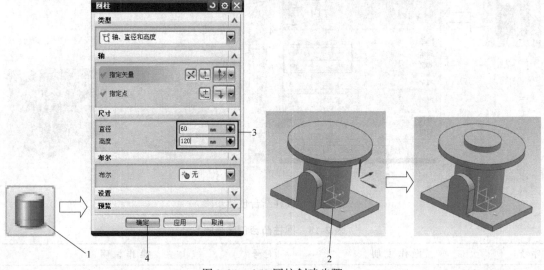

图 2-34 φ60 圆柱创建步骤

（2）求差 按照图 2-35 所示步骤进行操作，具体说明见表 2-21。

（3）创建凸台上的 φ20 圆柱孔 按照图 2-36 所示步骤进行操作，具体说明见表 2-22。

表 2-20 φ60 圆柱创建步骤

序号	操 作 说 明	序号	操 作 说 明
1	单击"圆柱"图标，出现"圆柱"对话框	3	输入圆柱尺寸：直径 60，高度 120，默认圆心坐标 (0,0,0)
2	在绘图区，默认圆柱创建方向为 Z 轴正向	4	单击"确定"，退出创建圆柱

表 2-21 求差步骤

序号	操 作 说 明	序号	操 作 说 明
1	单击"求差"图标，出现"求差"对话框	3	在绘图区，选择中间的 φ60 圆柱，作为被减掉的部分
2	在绘图区，选择法兰盘外形主体，作为求差的主体	4	单击"确定" 退出，完成求差操作

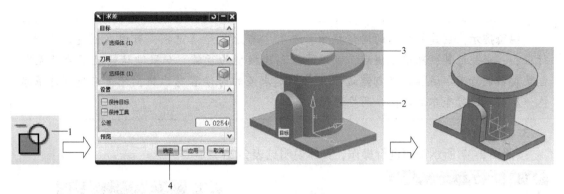

图 2-35　求差步骤

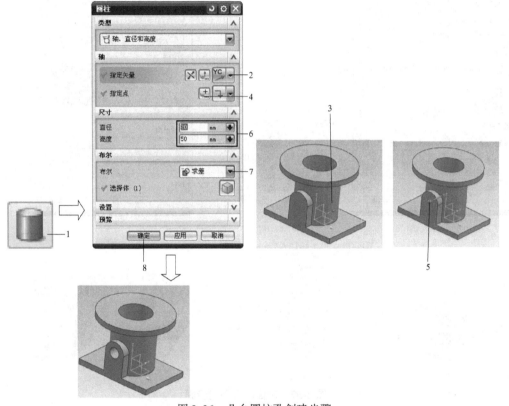

图 2-36　凸台圆柱孔创建步骤

表 2-22　凸台圆柱孔创建步骤

序号	操 作 说 明	序号	操 作 说 明
1	单击"圆柱"图标，出现"圆柱"对话框	5	在绘图区，选择凸台圆柱的外边缘，捕捉其圆心
2	单击"指定矢量"选项右侧黑色向下小箭头，选择"+Y"矢量	6	输入圆柱尺寸：直径20，高度50
3	在绘图区，圆柱创建方向为 Y 轴正向	7	单击"布尔"选项右侧黑色向下小箭头，选择"求差"
4	单击"指定点"选项	8	单击"确定"退出，完成圆柱孔创建

> **温馨提示**：创建基本体的对话框中，都有"布尔"运算选项，可以在创建过程中进行求和、求差运算，熟练掌握后，可以减少创建模型的步骤。如果默认情况下为"无"，也就是不进行布尔运算。在创建过程中特别是求差的时候容易出错，还是应先创建基本体，然后再进行布尔运算，分两步进行。

3. 镜像凸台

按照图 2-37 所示步骤进行操作，具体说明见表 2-23。

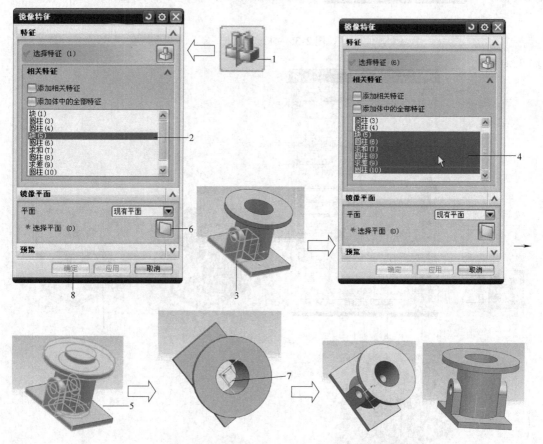

图 2-37　镜像凸台创建步骤

表 2-23　镜像凸台创建步骤

序号	操作说明	序号	操作说明
1	单击"镜像特征"图标，出现"镜像特征"对话框	5	绘图区显示选中的与凸台创建相关的各部分特征
2	在"相关特征"选项列表中选择"块（5）"	6	单击"选择平面"选项
3	绘图区显示块（5）是凸台的一部分	7	在绘图区选择"X－Z"平面
4	按住键盘上的"Ctrl"键，在"相关特征"列表中，单击凸台的其他组成部分，将其全部选中，单击中键确定	8	单击"确定"退出，完成凸台的镜像

4. 创建圆盘上的联接螺栓孔

（1）创建一个 φ11 的简单通孔 按照图 2-38 所示步骤进行操作，具体说明见表 2-24。

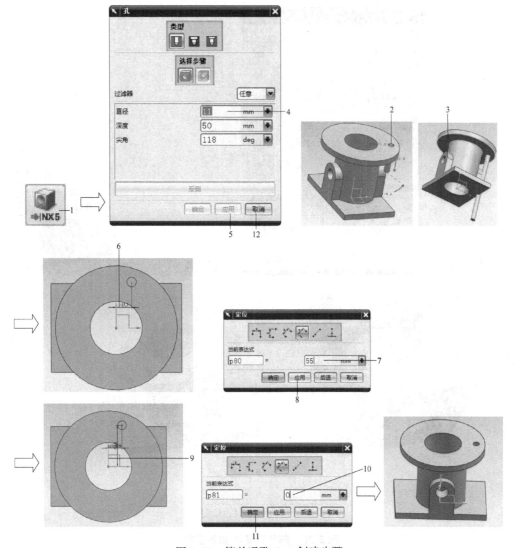

图 2-38 简单通孔 φ11 创建步骤

表 2-24 简单通孔 φ11 创建步骤

序号	操 作 说 明	序号	操 作 说 明
1	单击"孔"图标 ，出现"孔"对话框	7	在"定位"对话框的"当前表达式"中输入 55
2	在绘图区单击圆盘联接板上平面,平面上出现打孔示意图	8	单击"应用",继续标注尺寸
3	单击圆盘联接板下平面,作为孔通过的下平面	9	在绘图区选择 X 轴
4	输入孔的直径:11	10	在"定位"对话框的"当前表达式"中输入 0
5	单击"应用",出现"定位"对话框,默认 ,按照"垂直"方式标注尺寸	11	单击"确定",返回主对话框
6	在绘图区选择 Y 轴	12	单击"取消"退出,完成孔的创建

（2）圆形阵列孔　按照图2-39所示步骤进行操作，具体说明见表2-25。

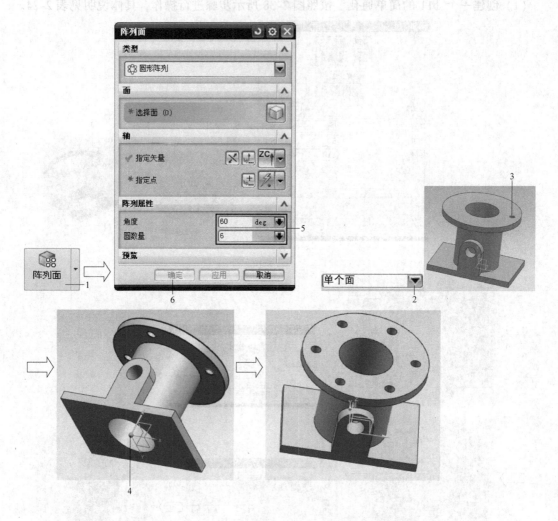

图 2-39　阵列孔 φ11 创建步骤

表 2-25　阵列孔 φ11 创建步骤

序号	操作说明	序号	操作说明
1	单击"阵列面"图标 ，出现"阵列面"对话框	4	在绘图区单击坐标原点
2	选择"单个面"选项	5	输入数字6，角度60，其他默认
3	在绘图区单击通孔 φ11，默认为 Z 轴，单击中键确定	6	单击"确定"，完成圆形阵列

5. 创建底座上的固定螺栓孔

（1）创建一个 φ22 沉孔　按照图2-40所示步骤进行操作，具体说明见表2-26。

表 2-26　φ22 沉孔创建步骤

序号	操 作 说 明	序号	操 作 说 明
1	单击"孔"图标 ![NX5], 出现"孔"对话框	8	在"定位"对话框的"当前表达式"中输入 55
2	在"类型"选项中,选择第二个"沉孔"图标	9	单击"应用",继续标注尺寸
3	在绘图区单击长方体底座上平面,平面上出现打孔孔示意图	10	在绘图区选择 X 轴
4	单击长方体底座下平面,作为孔通过的下平面	11	在"定位"对话框的"当前表达式"中输入 30
5	输入沉头直径 22,沉头深度 4,孔径 11	12	单击"确定",返回主对话框
6	单击"应用",出现"定位"对话框,默认按照"垂直"方式标注尺寸	13	单击"取消"退出,完成孔的创建
7	在绘图区选择 Y 轴		

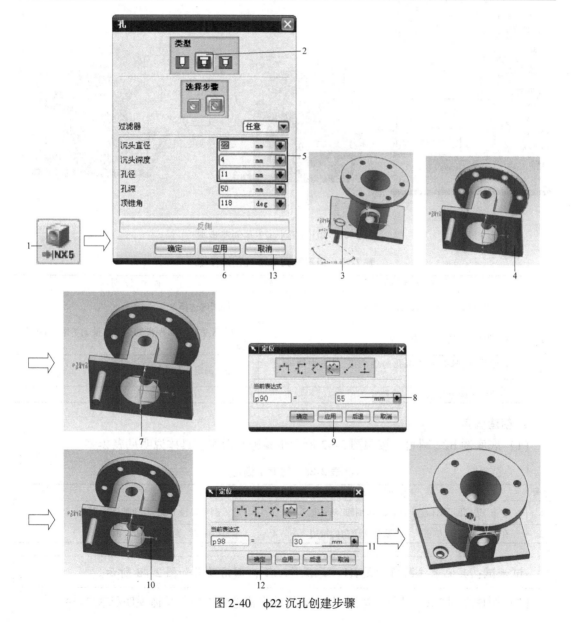

图 2-40　φ22 沉孔创建步骤

试一试： 在"类型"选项中，选择第三个"埋头孔"图标，看一下参数，试操作一下。

（2）矩形阵列孔 按照图2-41所示步骤进行操作，具体说明见表2-27。

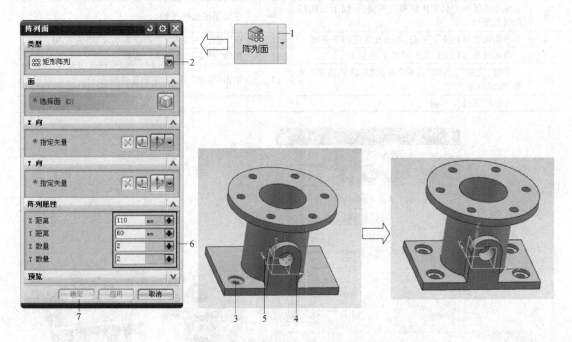

图2-41 矩形阵列 φ22 孔创建步骤

表2-27 矩形阵列 φ22 孔创建步骤

序号	操作说明	序号	操作说明
1	单击"阵列面"图标，出现"阵列面"对话框	5	在绘图区选择 Y 轴
2	在"类型中"选择"矩形阵列"	6	输入 X 数量2，X距离110，Y 数量2，Y距离60，其他默认
3	在绘图区，选择 φ22 沉孔的各个面，单击中键确定	7	单击"确定"，结束阵列
4	在绘图区选择 X 轴		

6. 创建圆角

（1）底座倒 R22 圆角 按照图2-42所示步骤进行操作，具体说明见表2-28。

表2-28 倒 R22 圆角

序号	操作说明	序号	操作说明
1	单击"边倒圆"图标，出现"边倒圆"对话框	3	输入倒角半径1:22，其他默认
2	在绘图区，依次单击长方体底座4个角的棱边	4	单击"确定"，退出，完成圆角创建

试一试： 其他未注圆角都是 R1，试操作一下，倒角效果如图2-43所示。

（2）圆柱腔倒 2×4 斜角 按照图2-44所示步骤进行操作，具体说明见表2-29。

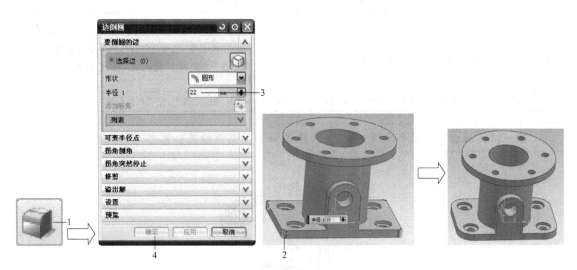

图 2-42 倒 R22 圆角

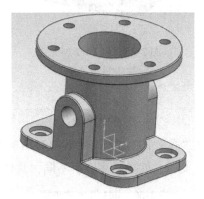

图 2-43 倒 R22 圆角

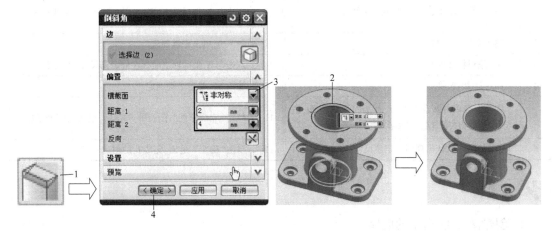

图 2-44 圆柱腔倒 2×4 斜角

表2-29　圆柱腔倒2×4斜角

序号	操 作 说 明	序号	操 作 说 明
1	单击"倒斜角"图标，出现"倒斜角"对话框	3	单击"横截面"选项右侧黑色向下小箭头，选择"非对称"，"距离1"输入2，"距离2"输入4，其他默认
2	在绘图区，依次单击主体圆柱孔的上、下边缘	4	单击"确定"退出，完成斜角创建

试一试：凸台圆柱孔斜角是1×2，试操作一下，倒角效果如图2-45所示。

图2-45　倒1×2斜角

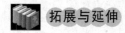拓展与延伸

孔 的 创 建

单击"特征"工具条中的"孔"图标，弹出的对话框如图2-46所示，操作步骤与创建"NX 5.0版本之前的孔"类似，就是顺序有所不同，具体说明见表2-30。

表2-30　φ11孔创建步骤

序号	操 作 说 明	序号	操 作 说 明
1	单击"孔"图标，出现"孔"对话框	7	双击与X坐标轴之间标注的距离尺寸，弹出表达式
2	输入孔的直径11	8	输入0，单击中键确定
3	深度限制：直至下一个	9	双击与Y坐标轴之间标注的距离尺寸，弹出表达式
4	布尔运算：求差	10	输入55，单击中键确定
5	在绘图区单击圆盘上平面，作为打孔的平面，进入草图，弹出"草图点"对话框	11	单击"完成草图"图标 完成草图，返回"孔"对话框
6	单击"关闭"，默认出现两个定位尺寸	12	单击"确定"退出，完成孔的创建

练习题

1. 创建图2-47所示的底座。
2. 创建图2-48所示的压盖。

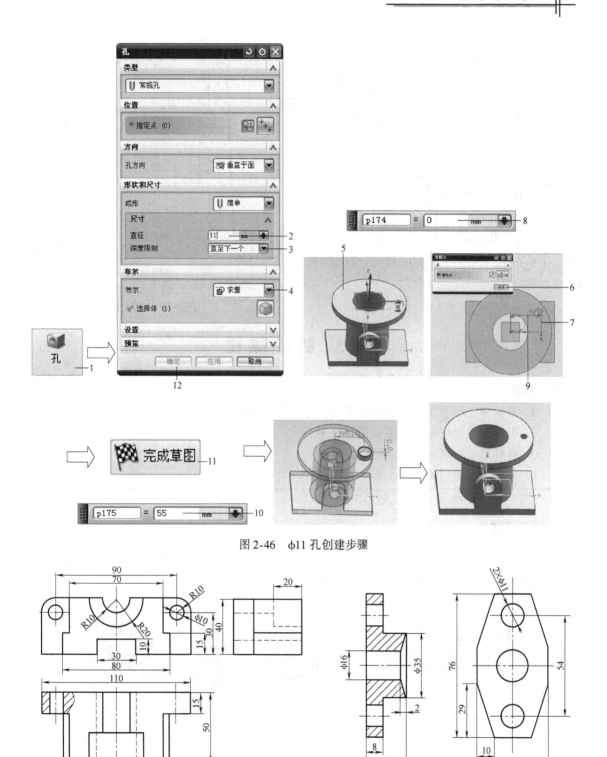

图 2-46 φ11 孔创建步骤

图 2-47 底座

图 2-48 压盖

3. 创建图 2-49 所示的箱体。

4. 创建图 2-50 所示的千斤顶底座。

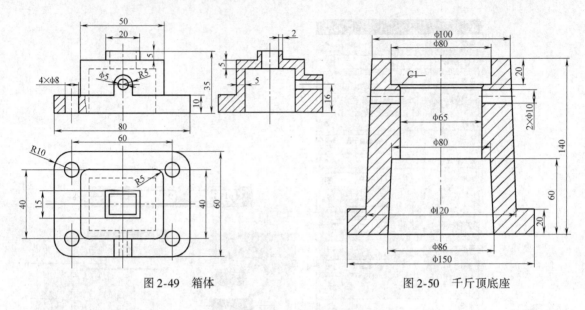

图 2-49　箱体　　　　　　　　　　　图 2-50　千斤顶底座

任务3　创建螺栓

学习目标

1. 掌握多边形和圆锥台的创建方法，并能灵活运用测量命令。
2. 了解拉伸的概念并掌握其简单应用。
3. 理解求交的概念，并会进行操作。
4. 掌握螺纹的创建方法。

任务描述

创建如图 2-51 所示的螺栓。该螺栓由六棱柱螺栓头、圆柱两大部分组成，圆柱上有螺纹，其中螺栓头的创建是难点，可通过六棱柱与圆锥台相交获得。

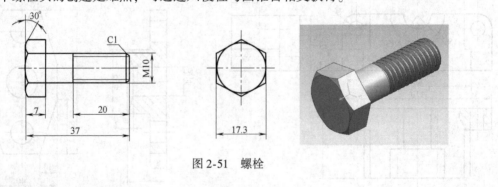

图 2-51　螺栓

相关知识

1. 多边形的创建

多边形是由三条或者三条以上等长度的边组成的封闭轮廓。单击"曲线"工具条中的

"多边形"图标⊙，弹出的对话框如图 2-52 所示。

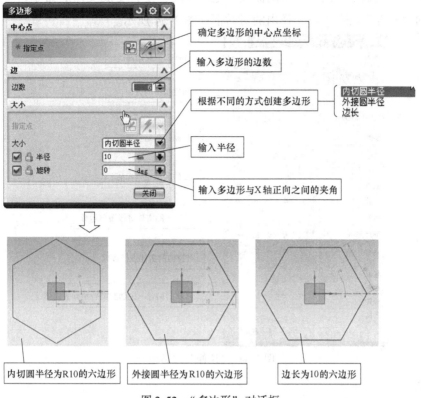

图 2-52 "多边形"对话框

2. 圆锥台的创建

圆锥台是圆锥的一部分。单击"特征"工具条中的"圆锥"图标△，弹出的对话框如图 2-53 所示。单击"类型"中的黑色向下小箭头▼，可以选择 5 种不同的方式创建圆锥，其中后三种是创建圆锥台的方式。

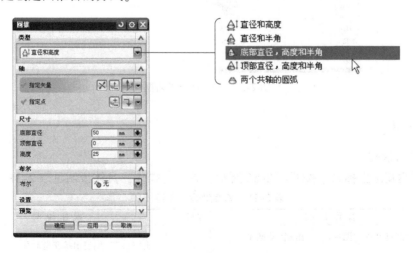

图 2-53 "圆锥"对话框

3. 拉伸

拉伸就是通过赋予平面二维封闭曲线一定的高度，使其变成实体的命令。单击"特征"工具条上的"拉伸"图标 📦 ·，弹出的对话框如图 2-54 所示。

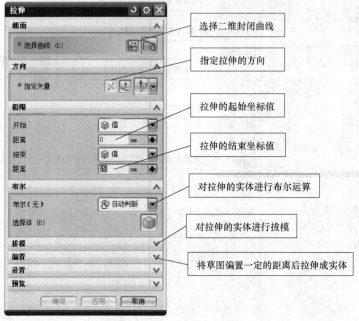

图 2-54 "拉伸"对话框

4. 求交

求交就是获得两个实体共有的部分。单击"特征"工具条上的"求交"图标 🔩 ·，弹出的对话框如图 2-55 所示。

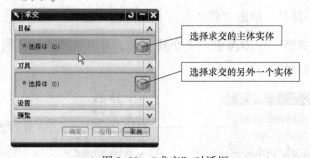

图 2-55 "求交"对话框

⚠ 任务实施

1. 创建六棱柱

（1）创建基准坐标系　按照图 2-56 所示步骤进行操作，具体说明见表 2-31。

表 2-31　基准坐标系创建步骤

序号	操作说明	序号	操作说明
1	单击"基准 CSYS"图标 📐·，出现"基准坐标系"对话框	2	单击"确定"，创建出基准坐标系

（2）创建内切圆直径为 φ17.3 的六边形按照图 2-57 所示步骤进行操作，具体说明见表 2-32。

表 2-32 六边形创建步骤

序号	操 作 说 明	序号	操 作 说 明
1	单击"多边形"图标 ⬡，出现"多边形"对话框	5	输入半径 8.65，按键盘上的"Enter"键确定
2	输入边数 6	6	输入旋转角度 0，按键盘上的"Enter"键确定
3	在绘图区，选择 X – Y 平面	7	单击"关闭"退出，完成六边形创建
4	单击坐标原点(0,0,0)		

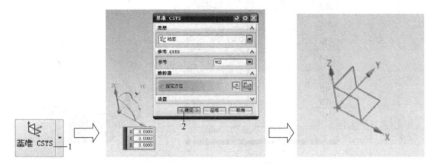

图 2-56 基准坐标系创建步骤

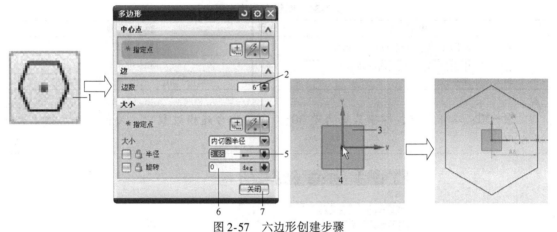

图 2-57 六边形创建步骤

温馨提示：创建多边形时，若绘图区出现的多边形半径或者角度不对时，可双击该数值进行编辑。

（3）拉伸成高度为 7 的六棱柱 按照图 2-58 所示步骤进行操作，具体说明见表 2-33。

表 2-33 拉伸步骤

序号	操 作 说 明	序号	操 作 说 明
1	单击"拉伸"图标 ▱，出现"拉伸"对话框	3	输入拉伸的结束值 7
		4	在绘图区，默认选择六边形曲线
2	输入拉伸的开始值 0	5	单击"确定"退出，完成拉伸

2. 创建圆锥台

按照图 2-59 所示步骤进行操作，具体说明见表 2-34。

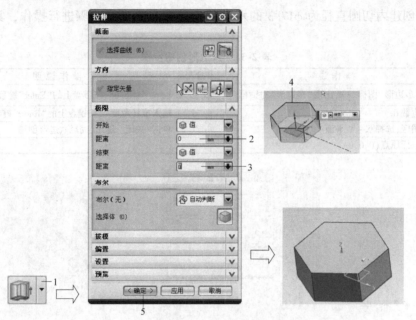

图 2-58　拉伸步骤

表 2-34　圆锥台创建步骤

序号	操 作 说 明	序号	操 作 说 明
1	单击"圆锥"图标 △，出现"圆锥"对话框	4	输入高度 7
2	在"类型"中选择"顶部直径,高度和半角"	5	输入半角 60
3	输入顶部直径 17.3	6	单击"确定"退出,完成圆锥台创建

> **想一想**：本任务中，螺栓头倒角是 30°，在圆锥台建模过程中，为什么半角输入却是 60°？

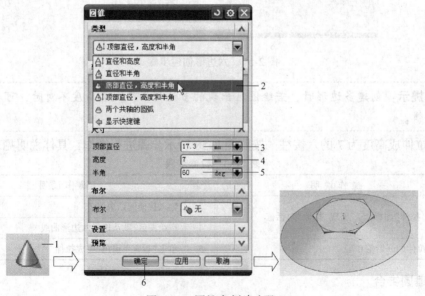

图 2-59　圆锥台创建步骤

3. 创建螺栓头

按照图 2-60 所示步骤进行操作，具体说明见表 2-35。

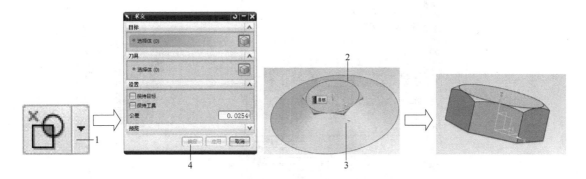

图 2-60　求交操作步骤

表 2-35　求交操作步骤

序号	操作说明	序号	操作说明
1	单击"求交"图标，出现"求交"对话框	3	选择圆锥台
2	在绘图区选择六棱柱	4	单击"确定"退出，完成求交，获得两个实体的共同部分

> **温馨提示**：若求交以后原有实体还保持原样，则需要检查求交对话框中的"设置"选项，确保"保持工具"、"保持目标"前的小方框是空的（未打勾）。

> **试一试**：本任务中，创建圆锥台时输入高度是 7，点坐标输入（0，0，0），如果改成高度 10，点坐标（0，0，-3），"求交"结果会有所不同吗？试操作一下。

4. 创建螺柱

（1）创建圆柱　按照图 2-61 所示步骤进行操作，具体说明见表 2-36。

表 2-36　圆柱创建步骤

序号	操作说明	序号	操作说明
1	单击"圆柱"图标，出现"圆柱"对话框	3	输入圆柱直径 10
		4	输入圆柱高度 30
2	单击"指定矢量"右侧向下黑色小箭头，选择 -ZC 方向	5	单击"确定"退出，完成圆柱创建

（2）创建倒角　按照图 2-62 所示步骤进行操作，具体说明见表 2-37。

表 2-37　倒角创建步骤

序号	操作说明	序号	操作说明
1	单击"倒斜角"图标，出现"倒斜角"对话框	3	输入倒角距离 1
		4	在绘图区选择圆柱右端边缘线
2	默认为"对称"横截面	5	单击"确定"退出，完成倒角创建

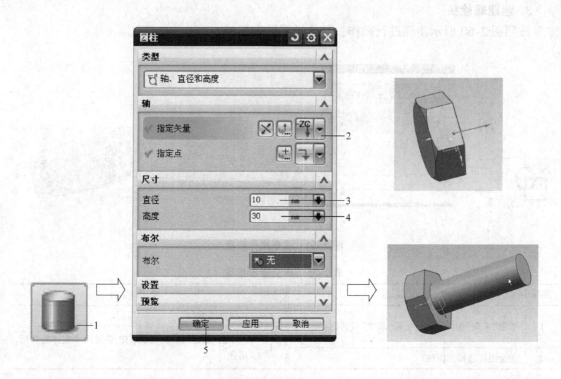

图 2-61　圆柱创建步骤

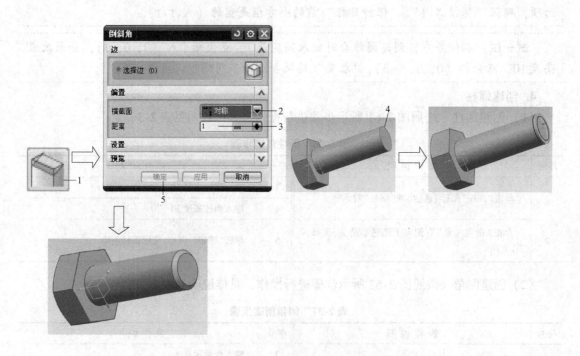

图 2-62　倒角创建步骤

（3）创建 M10 螺纹　按照图 2-63 所示步骤进行操作，具体说明见表 2-38。

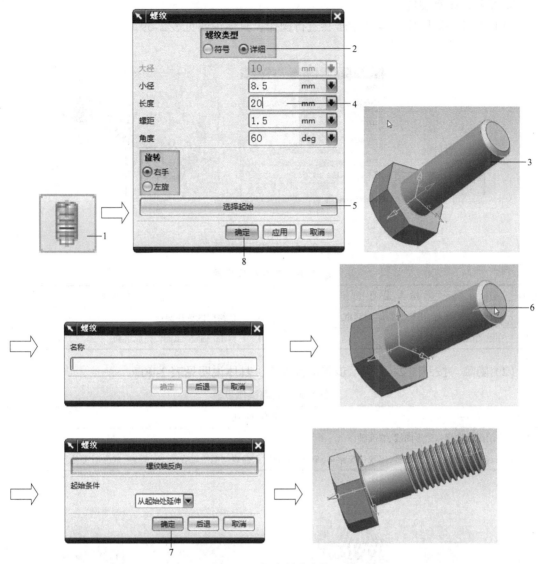

图 2-63 螺纹创建步骤

表 2-38 螺纹创建步骤

序号	操 作 说 明	序号	操 作 说 明
1	单击"螺纹"图标,出现"螺纹"对话框	6	在绘图区选择圆柱右端面为螺纹起始端面,出现"螺纹方向"子对话框,默认为图示方向
2	螺纹类型选择"详细"		
3	在绘图区选择圆柱曲面	7	默认其他参数,单击"确定",返回"螺纹"对话框
4	输入螺纹长度20	8	单击"确定"退出,完成螺纹创建
5	单击"选择起始",出现"螺纹名称"子对话框		

试一试：创建螺纹的时候，本任务选择的是"详细"选项，如果选择"符号"，模型会有什么不同？试操作一下。

想一想：M10 的含义是什么？若加工 M10 的内螺纹，螺纹底孔应该是多大呢？

5. 求和、隐藏图线

（1）求和　按照图 2-64 所示步骤进行操作，具体说明见表 2-39。

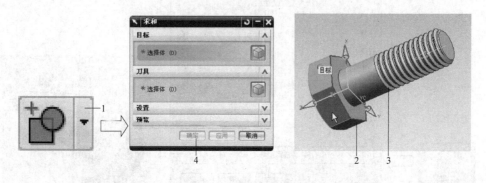

图 2-64　求和操作步骤

表 2-39　求和操作步骤

序号	操 作 说 明	序号	操 作 说 明
1	单击"求和"图标，出现"求和"对话框	3	在绘图区选择螺柱
2	在绘图区选择螺栓头	4	单击"确定" 退出，完成求和

（2）隐藏　按照图 2-65 所示步骤进行操作，具体说明见表 2-40。

表 2-40　隐藏操作步骤

序号	操 作 说 明
1	在绘图区选择六边形曲线、基准轴
2	在选中的目标上单击右键，出现快捷菜单，单击"隐藏"，则曲线与基准轴在绘图区隐藏，成为不可见元素

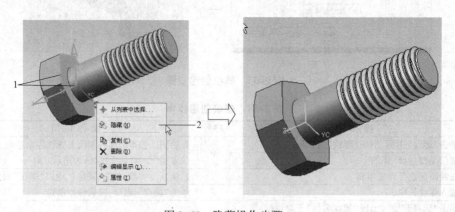

图 2-65　隐藏操作步骤

拓展与延伸

1. 拉伸中的拔模、偏置

（1）将六棱柱拔模 10°　按照图 2-66 所示步骤进行操作，具体说明见表 2-41。

表2-41 拔模操作步骤

序号	操作说明	序号	操作说明
1	单击"拉伸"图标，出现"拉伸"对话框	4	单击"拔模"右侧的黑色向下小箭头，选择"从起始限制"
2	单击"拔模"选项，将其展开	5	输入角度10
3	在绘图区，默认六边形曲线	6	单击"确定"退出，完成拔模拉伸

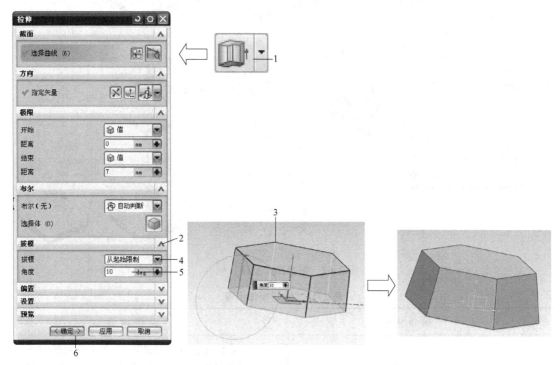

图2-66 拔模操作步骤

（2）将六边形偏置5mm拉伸　按照图2-67所示步骤进行操作，具体说明见表2-42。

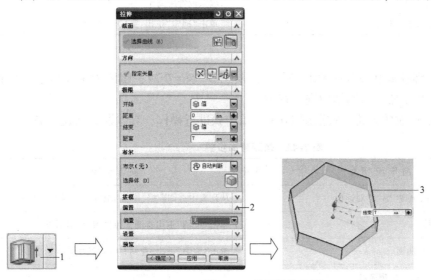

图2-67 偏置操作步骤

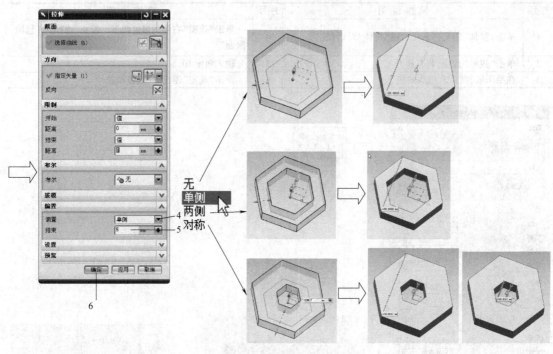

图 2-67　偏置操作步骤（续）

表 2-42　偏置操作步骤

序号	操 作 说 明	序号	操 作 说 明
1	单击"拉伸"图标 ，出现"拉伸"对话框	4	单击"偏置"右侧的黑色向下小箭头，选择"单侧"方式（图中对单侧、两侧、对称三种偏置拉伸效果都做了演示）
2	单击"偏置"选项，将其展开	5	输入偏置距离5
3	在绘图区选择六边形曲线	6	单击"确定"退出，完成偏置拉伸

2. 螺纹底孔

（1）生产中，螺纹底孔直径一般取经验值，用螺纹大径 D 减去螺距 P 来确定。不同的螺纹螺距，可以在螺纹命令对话框中进行查询。

（2）查询 M10 螺纹的螺距　按照图 2-68 所示步骤进行操作，具体说明见表 2-43。

表 2-43　螺距查询步骤

序号	操 作 说 明	序号	操 作 说 明
1	单击"螺纹"图标，出现"螺纹"对话框	5	从列表中查询数据，得到 M10×1.5，螺距为1.5
2	选择"符号"选项	6	单击"取消"退出查询，返回"螺纹"对话框
3	在绘图区选择圆柱曲面	7	单击"取消"退出，查到 M10 螺纹底孔直径是 φ8.5
4	单击"从表格中选择"，出现螺纹表		

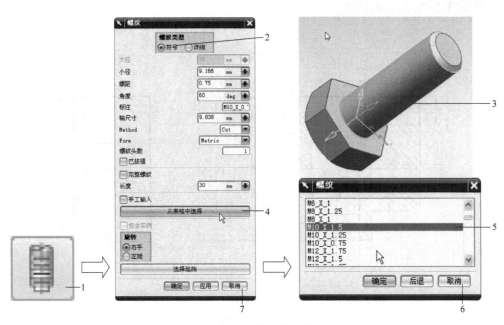

图2-68　螺距查询步骤

练习题

1. 创建图2-69所示的螺栓。
2. 创建图2-70所示的螺母。

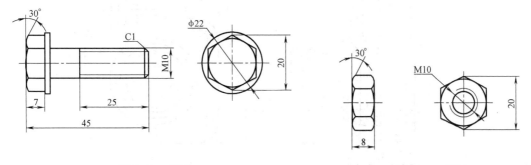

图2-69　螺栓

图2-70　螺母

3. 创建图2-71所示的锥形塞。

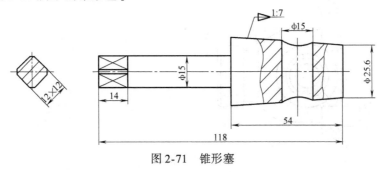

图2-71　锥形塞

4. 创建图 2-72 所示的锥阀。

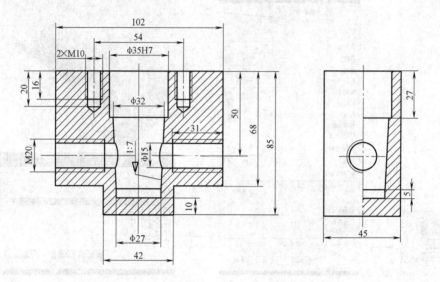

图 2-72　锥阀

5. 创建图 2-73 所示的球阀。

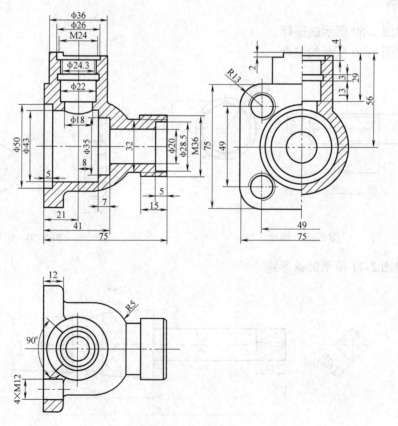

图 2-73　球阀

任务4 创建肥皂盒

 任务描述

创建图 2-74 所示的肥皂盒。该肥皂盒主要是由一个带有拔模斜度的长方体壳体组成,内部有 4 条小筋板和 3 个滴水孔,外部有一圈底座筋板。

相关知识

1. 拔模

为了便于把零件从模具中取出,通常要在零件上设计拔模斜度。单击"特征"工具条中的"拔模"图标 ,弹出的对话框如图 2-75 所示。

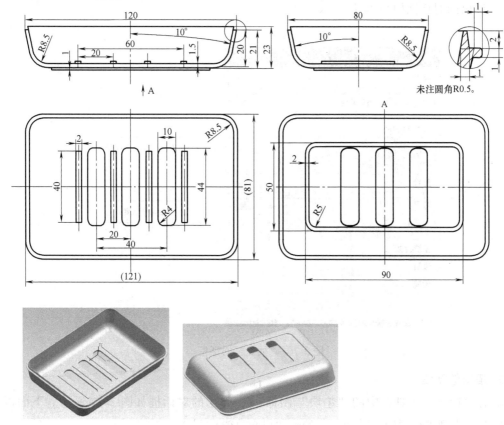

图 2-74 肥皂盒

图 2-75 "拔模"对话框

2. 抽壳

当零件是薄壁壳体的时候，可以采用抽壳操作。单击"特征"工具条中的"抽壳"图标，弹出的对话框如图 2-76 所示。

图 2-76 "抽壳"对话框

3. 垫块的创建

单击"特征"工具条中的"垫块"图标，弹出的对话框如图 2-77 所示。下面以创建矩形垫块为例进行说明，其他形状的垫块可自己尝试创建。

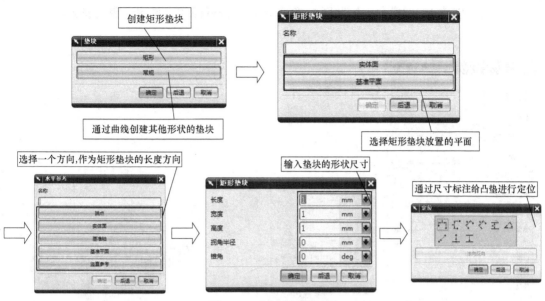

图 2-77 "垫块"对话框

任务实施

1. 创建长方形壳体

（1）创建 $120 \times 80 \times 20$ 长方体　按照图 2-78 所示步骤进行操作，具体说明见表 2-44。

表 2-44　长方体创建步骤

序号	操 作 说 明	序号	操 作 说 明
1	单击"长方体"图标，出现"块"对话框	3	输入长方体的角点坐标：X-60，Y-40，Z0
		4	单击"确定"，返回"块"对话框
2	单击"指定点"选项中的"点构造器"图标，出现"点"对话框	5	输入长方体的长度120，宽度80，高度20，其他选项默认
		6	单击"确定"退出，完成长方体的创建

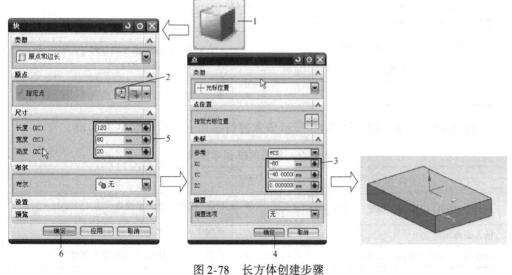

图 2-78　长方体创建步骤

（2）创建10°拔模角　按照图2-79所示步骤进行操作，具体说明见表2-45。

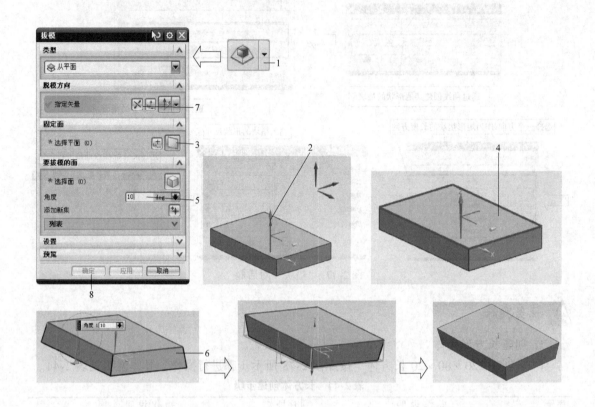

图2-79　创建10°拔模角

表2-45　创建10°拔模角

序号	操作说明	序号	操作说明
1	单击"拔模"图标 ，出现"拔模"对话框	6	在绘图区，选择长方体的4个侧面，作为要添加拔模角度的面
2	在绘图区，默认拔模角度方向为Z轴正向		
3	单击"固定面"选项中的"选择平面"	7	观察预览的拔模角度的方向与实际相反，单击"反向"图标，改变拔模方向
4	在绘图区，选择长方体的上平面作为拔模固定面		
5	输入拔模角度10	8	单击"确定"退出，完成拔模角的创建

（3）创建R10圆角　按照图2-80所示步骤进行操作，具体说明见表2-46。

表2-46　圆角R10创建步骤

序号	操作说明	序号	操作说明
1	单击"边倒圆"图标 ，出现"边倒圆"对话框	4	单击"应用"，继续倒圆角
2	输入圆角半径10	5	在绘图区，选择长方体的底面边缘线
3	在绘图区，选择长方体的4条棱边	6	单击"确定"退出，完成圆角的创建

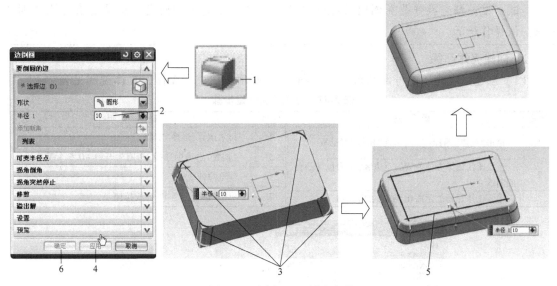

图2-80 圆角 R10 创建步骤

（4）创建厚度为1.5 的壳体 按照图2-81 所示步骤进行操作，具体说明见表2-47。

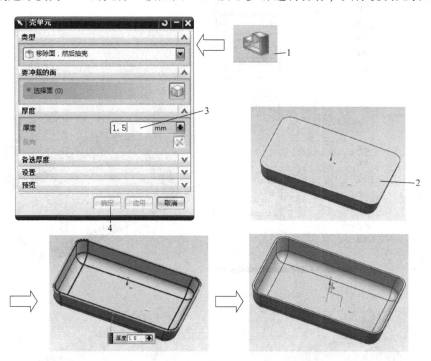

图2-81 壳体创建步骤

表 2-47 壳体创建步骤

序号	操 作 说 明	序号	操 作 说 明
1	单击"抽壳"图标 ，出现"壳单元"对话框	3	输入壳体的壁厚1.5
2	在绘图区选择长方体的上表面，作为要移除的面	4	单击"确定"退出，完成壳体的创建

试一试：抽壳操作是在倒圆角操作之后，如果先抽壳再倒圆角，结果会有什么不同呢？试操作一下。

2. 创建壳体凸缘

（1）创建高度为 1 的外侧凸台　按照图 2-82 所示步骤进行操作，具体说明见表 2-48。

表 2-48　外侧凸台创建步骤

序号	操作说明	序号	操作说明
1	单击"拉伸"图标，出现"拉伸"对话框	4	布尔运算，选择"求和"
2	在绘图区选择壳体外侧的上边缘，作为拉伸凸台的曲线	5	"偏置"选项中选择"两侧"，开始 −0.5，结束 1
3	输入拉伸开始的距离 0，结束的距离 −1	6	预览拉伸效果
		7	单击"确定"退出，完成拉伸

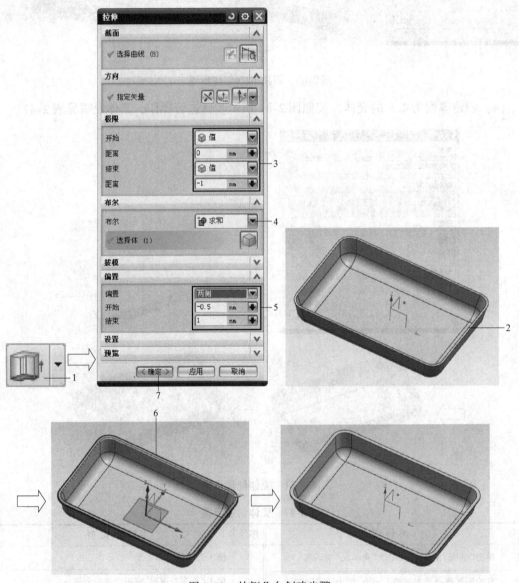

图 2-82　外侧凸台创建步骤

　　试一试：本步骤中，偏置开始从 −0.5 开始的，这个数值不是确定的，主要是为了与原有的壳体有重合部分，便于求和。只要能保证两个模型有重合部分，采用其他的数值也是可以的。试操作一下。

　　（2）创建 R0.5 圆角　按照图 2-83 所示步骤进行操作，具体说明见表 2-49。

表 2-49　圆角 R0.5 创建步骤

序号	操　作　说　明	序号	操　作　说　明
1	单击"边倒圆"图标，出现"边倒圆"对话框	3	在绘图区,选择外侧凸缘的 3 条棱边
2	输入圆角半径 0.5	4	单击"确定"退出,完成圆角的创建

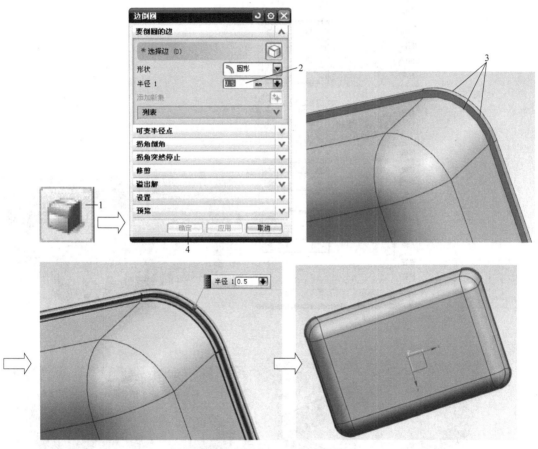

图 2-83　圆角 R0.5 创建步骤

　　（3）创建高为 2mm 的上侧凸台　按照图 2-84 所示步骤进行操作，具体说明见表 2-50。

表 2-50　上侧凸台创建步骤

序号	操　作　说　明	序号	操　作　说　明
1	单击"拉伸"图标，出现"拉伸"对话框	5	"拔模"选项中选择"从起始限制",拔模角度为 10°
2	在绘图区,选择壳体内侧的上边缘,作为拉伸凸台的曲线	6	"偏置"选项中选择"两侧",开始 0,结束 1
3	输入拉伸开始的距离 0,结束的距离 2	7	预览拉伸效果
4	布尔运算,选择"求和"	8	单击"确定"退出,完成拉伸

想一想：本步骤中，拔模角度是在拉伸中直接添加的，如果分开操作，应该怎么做呢？试操作一下。

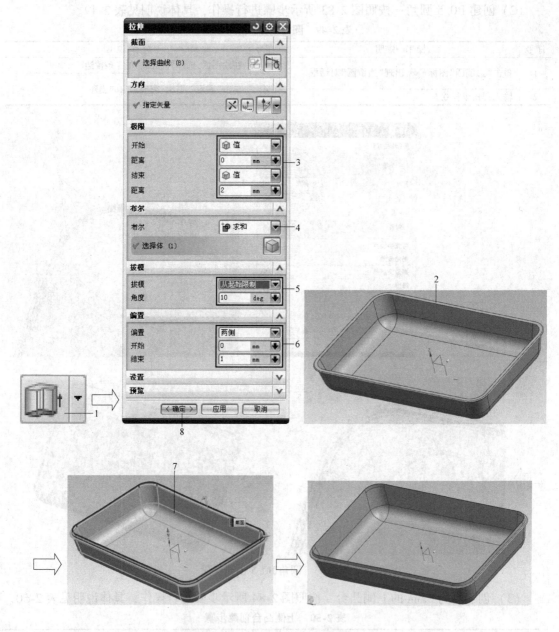

图 2-84 上侧凸台创建步骤

（4）创建 R0.1 圆角 按照图 2-85 所示步骤进行操作，给上凸缘倒角（说明略）。

3. 创建底座筋板

（1）创建 90×50×1 的矩形垫块 按照图 2-86 所示步骤进行操作，具体说明见表 2-51。

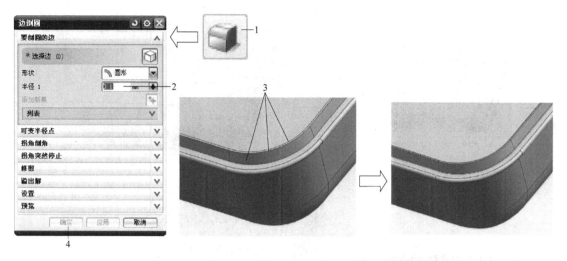

图 2-85　圆角 R0.1 创建步骤

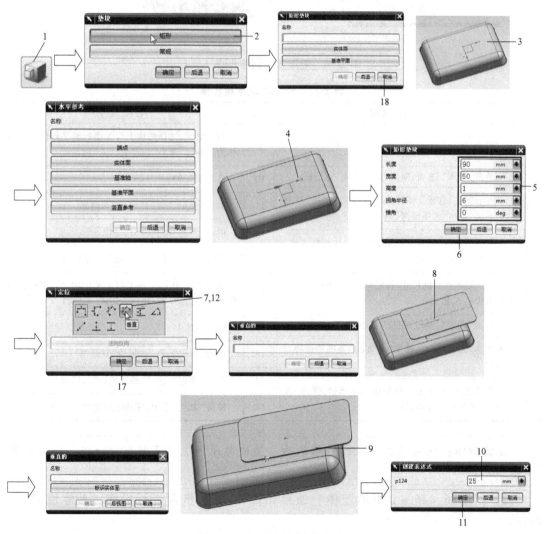

图 2-86　矩形垫块创建步骤

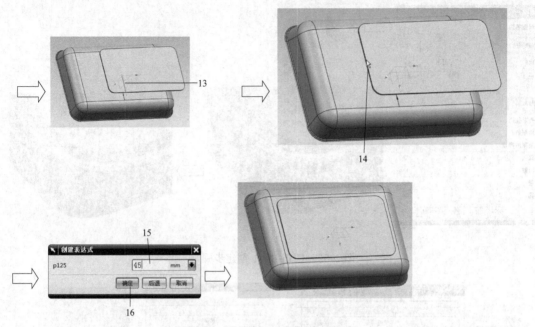

图 2-86　矩形垫块创建步骤（续）

表 2-51　矩形垫块创建步骤

序号	操作说明	序号	操作说明
1	单击"垫块"图标，出现"垫块"对话框	9	在绘图区，选择垫块上与 X 坐标轴平行的一条边作为工具边，弹出"创建表达式"对话框
2	单击"矩形"选项，弹出"矩形垫块"对话框	10	输入距离 25
3	在绘图区，选择壳体外侧底面作为"垫块"放置的平面，弹出"水平参考"对话框	11	单击"确定"，返回"定位"对话框
		12	单击"垂直"图标，继续定位
4	在绘图区，选择 X 坐标轴，作为垫块长度方向，弹出"矩形垫块"对话框	13	在绘图区，选择 Y 坐标轴作为基准边
5	输入矩形垫块的尺寸：长度 90，宽度 50，高度 1，拐角半径 6，锥角 0	14	在绘图区，选择垫块上与 Y 坐标轴平行的一条边作为工具边，弹出"创建表达式"对话框
6	单击"确定"，弹出"定位"对话框	15	输入距离 45
7	单击"垂直"图标，弹出"垂直的"基准边选择对话框	16	单击"确定"，返回"定位"对话框
		17	单击"确定"返回"矩形垫块"对话框
8	在绘图区，选择 X 坐标轴作为基准边，弹出"垂直的"工具边选择对话框	18	单击"取消"退出，完成矩形垫块的创建

温馨提示：创建"垫块"操作结束后，垫块与原来主体直接形成一体，不需要再做求和运算。

（2）创建 86×46×1 矩形腔体　按照图 2-87 所示步骤进行操作，具体说明见表 2-52。

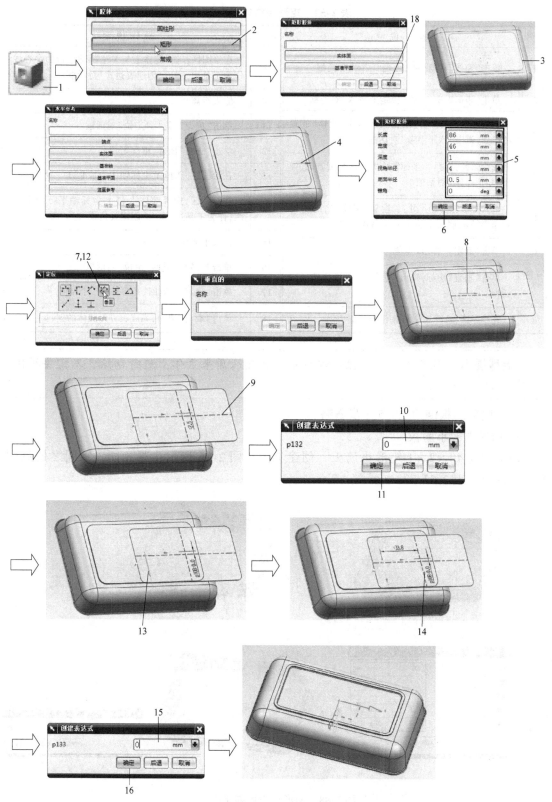

图 2-87 矩形腔体创建步骤

表 2-52　矩形腔体创建步骤

序号	操 作 说 明	序号	操 作 说 明
1	单击"腔体"图标 ，出现"腔体"对话框	9	在绘图区，选择腔体上与X坐标轴平行的中心线作为工具边，弹出"创建表达式"对话框
2	单击"矩形"选项，弹出"矩形腔体"对话框	10	输入距离0
3	在绘图区，选择底座凸台底面作为"腔体"放置的平面，弹出"水平参考"对话框	11	单击"确定"，返回"定位"对话框
4	在绘图区，选择X坐标轴作为腔体长度方向，弹出"矩形腔体"对话框	12	单击"垂直"图标，继续定位
		13	在绘图区，选择Y坐标轴作为基准边
5	输入矩形腔体的尺寸：长度86，宽度46，高度1，拐角半径4，底面半径0.5，锥角0	14	在绘图区，选择腔体上与Y坐标轴平行的中心线，作为工具边，弹出"创建表达式"对话框
6	单击"确定"，弹出"定位"对话框	15	输入距离0
7	单击"垂直"图标，弹出"垂直的"基准边选择对话框	16	单击"确定"，返回"定位"对话框
		17	单击"确定"，返回"矩形腔体"对话框
8	在绘图区，选择X坐标轴作为基准边	18	单击"取消"退出，完成长方形腔体的创建

> **温馨提示**：创建"腔体"操作过程中，直接从原来主体上进行切除，不需要再做求差运算。

（3）底部筋板倒角 R0.5（步骤略）。

4. 创建内部小筋板

（1）创建 $40 \times 2 \times 1$ 矩形小筋板　创建步骤与图 2-86 所示步骤相同，不同之处见图 2-88，说明见表 2-53。

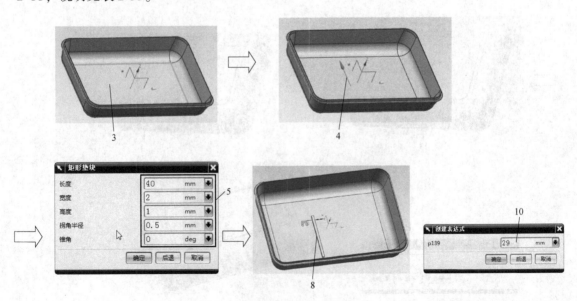

图 2-88　矩形小筋板创建步骤

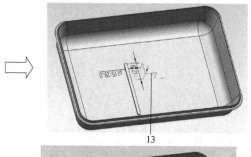

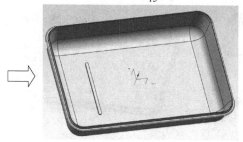

图 2-88 矩形小筋板创建步骤（续）

表 2-53 矩形小筋板创建步骤

序号	操作说明	序号	操作说明
1	单击"垫块"图标，出现"垫块"对话框	9	在绘图区，选择凸垫上与 Y 坐标轴平行的一条边作为工具边弹出"创建表达式"对话框
2	单击"矩形"选项，弹出"矩形垫块"对话框	10	输入距离 29
3	在绘图区，选择壳体内侧底面，作为"垫块"放置的平面，弹出"水平参考"对话框	11	单击"确定"，返回"定位"对话框
4	在绘图区，选择 Y 坐标轴作为垫块长度方向，弹出"矩形垫块"对话框	12	单击"垂直"图标，继续定位
5	输入矩形垫块的尺寸：长度 40，宽度 2，高度 1，拐角半径 0.5，锥角 0	13	在绘图区，选择 X 坐标轴作为基准边
6	单击"确定"，弹出"定位"对话框	14	在绘图区，选择凸垫上与 X 坐标轴平行的一条边，作为工具边，弹出"创建表达式"对话框
7	单击"垂直"图标，弹出"垂直的"基准边选择对话框	15	输入距离 20
8	在绘图区，选择 Y 坐标轴为基准边，弹出"垂直的"工具边选择对话框	16	单击"确定"，返回"定位"对话框
		17	单击"确定"返回"矩形垫块"对话框
		18	单击"取消"退出，完成矩形小筋板的创建

温馨提示：创建"垫块"操作结束后，垫块与原来主体直接形成一体，不需要再做求和运算。

（2）矩形阵列小筋板 按照图 2-89 所示步骤进行操作，具体说明见表 2-54。

表 2-54 阵列小筋板创建步骤

序号	操作说明	序号	操作说明
1	单击"阵列面"图标，出现"阵列面"对话框	6	在绘图区选择 X 轴
2	在"类型"选项中选择"矩形阵列"	7	单击 Y 向"指定矢量"
3	在绘图区选择"筋板面"	8	在绘图区选择 Y 轴，单击中键确定
4	在绘图区单击小筋板	9	输入 X 数量 4，X 距离 20，Y 数量 1，Y 距离 1，其他默认
5	单击 X 向"指定矢量"	10	单击"确定"，结束阵列

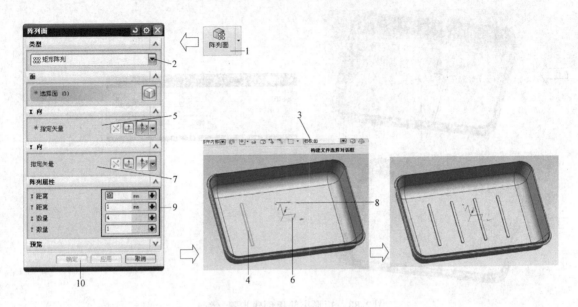

图 2-89　阵列小筋板创建步骤

试一试：给小筋板添加 R0.5 圆角，试操作一下。

5. 创建滴水孔

（1）创建 44×10×1 矩形腔体　创建步骤与图 2-87 所示步骤相同，不同之处如图 2-90 所示，具体说明见表 2-55。

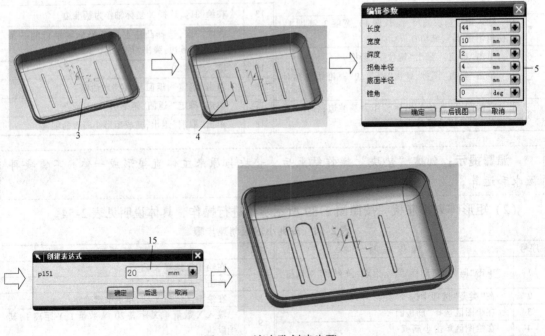

图 2-90　滴水孔创建步骤

表 2-55 滴水孔创建步骤

序号	操 作 说 明	序号	操 作 说 明
1	单击"腔体"图标，出现"腔体"对话框	9	在绘图区,选择腔体上与 X 坐标轴平行的中心线作为工具边,弹出"创建表达式"对话框
2	单击"矩形"选项,弹出"矩形腔体"对话框	10	输入距离 0
3	在绘图区,选择壳体内侧底面作为"腔体"放置的平面,弹出"水平参考"对话框	11	单击"确定",返回"定位"对话框
		12	单击"垂直"图标,继续定位
4	在绘图区,选择 Y 坐标轴作为腔体长度方向,弹出"编辑参数"对话框	13	在绘图区,选择 Y 坐标轴作为基准边
		14	在绘图区,选择腔体上与 Y 坐标轴平行的中心线作为工具边,弹出"创建表达式"对话框
5	输入矩形腔体的尺寸:长度 44,宽度 10,深度 2,拐角半径 4,底面半径 0,锥角 0	15	输入距离 20
6	单击"确定",弹出"定位"对话框	16	单击"确定",返回"定位"对话框
7	单击"垂直"图标,弹出"垂直的"基准边选择对话框	17	单击"确定",返回"矩形腔体"对话框
8	在绘图区,选择 X 坐标轴作为基准边	18	单击"取消"退出,完成滴水孔的创建

（2）矩形阵列滴水孔　按照图 2-91 所示步骤进行操作，具体说明见表 2-56。

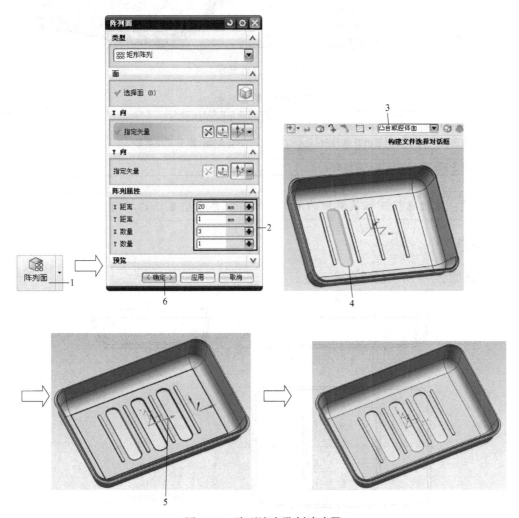

图 2-91　阵列滴水孔创建步骤

表 2-56　阵列滴水孔创建步骤

序号	操 作 说 明	序号	操 作 说 明
1	单击"阵列面"图标 ，出现"阵列面"对话框	3	在绘图区选择"凸台或腔体面"
		4	在绘图区单击滴水孔面，单击中键确定
2	输入 X 距离 20，Y 距离 1，X 数量 3，Y 数量 1，其他默认	5	在绘图区，选择 X 轴
		6	单击"确定"，结束阵列

拓展与延伸

着色显示

肥皂盒着色显示　按照图 2-92 所示步骤进行操作，具体说明见表 2-57。

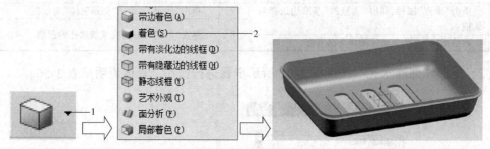

图 2-92　着色显示

表 2-57　着色显示

序号	操 作 说 明
1	单击"视图"工具条中的"带边着色"图标 右面向下小箭头 ，弹出下拉菜单
2	选择"着色"选项，绘图区模型着色显示

试一试：依次选择下拉菜单中的不同选项，观察模型显示的不同。

练习题

1. 创建图 2-93 所示的肥皂盒上盖。

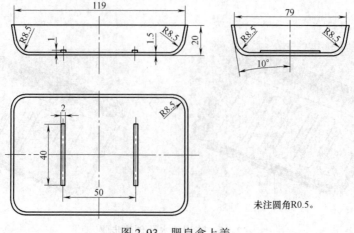

未注圆角R0.5。

图 2-93　肥皂盒上盖

2. 创建图 2-94 所示的小药瓶。

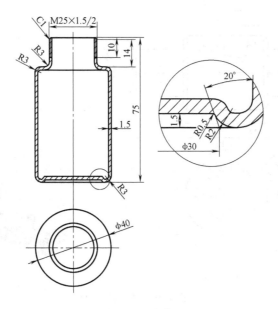

图 2-94　小药瓶

3. 创建图 2-95 所示的乒乓球。

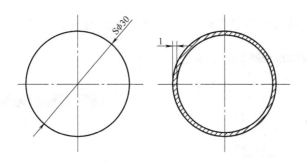

图 2-95　乒乓球

任务 5　创建传动轴

学习目标

　　1. 掌握圆台的创建方法，退刀槽、键槽的创建方法。

　　2. 会运用基本平面，并灵活运用基准轴。

任务描述

　　创建图 2-96 所示的传动轴，该传动轴主要由 4 段圆柱组成，其中 φ35 轴段上加工有键槽，φ22 中间轴段上开有一个 φ5 小孔，M16 的螺纹轴段上加工有退刀槽。

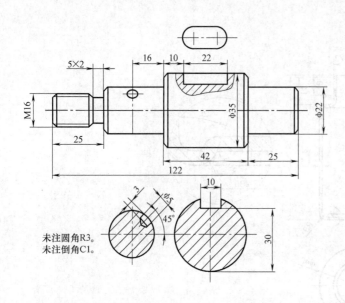

图2-96　传动轴

相关知识

1. 圆台的创建

单击"特征"工具条中的"凸台"图标 🔲，弹出的对话框如图2-97所示。

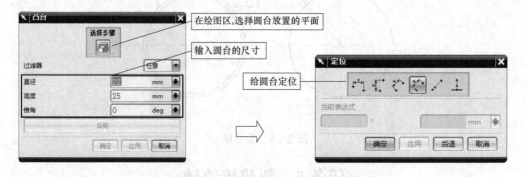

图2-97　"凸台"对话框

2. 退刀槽的创建

单击"特征"工具条中的"开槽"图标 🔲，弹出的对话框如图2-98所示。

3. 键槽的创建

单击"特征"工具条上的"键槽"图标 🔲，弹出的对话框如图2-99所示。

任务实施

1. 创建阶梯轴

（1）创建 $\phi35 \times 42$ 圆柱　按照图2-100所示步骤进行操作，具体说明见表2-58。

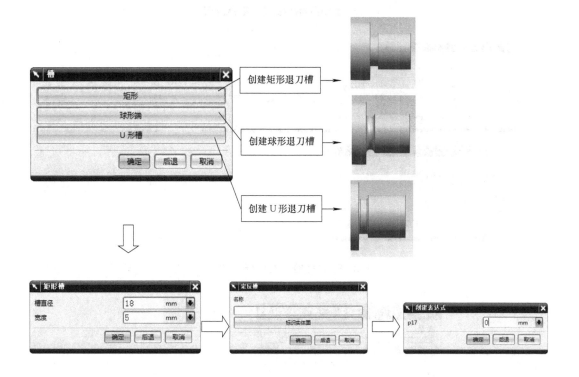

图 2-98 "槽" 对话框

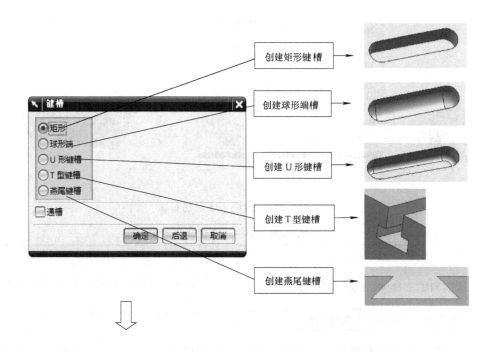

图 2-99 "键槽" 对话框

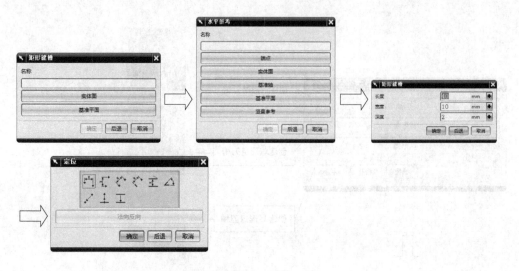

图 2-99 "键槽"对话框（续）

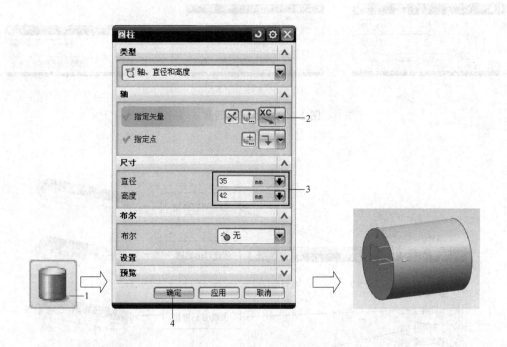

图 2-100　圆柱 φ35 创建步骤

表 2-58　圆柱 φ35 创建步骤

序号	操 作 说 明	序号	操 作 说 明
1	单击"圆柱"图标 ▢，出现"圆柱"对话框	3	输入圆柱的直径 35，高度 42，其他参数默认
2	选择 X 轴正向作为圆柱创建的方向	4	单击"确定"退出，完成圆柱的创建

（2）创建 φ22×25 圆台　按照图 2-101 所示步骤进行操作，具体说明见表 2-59。

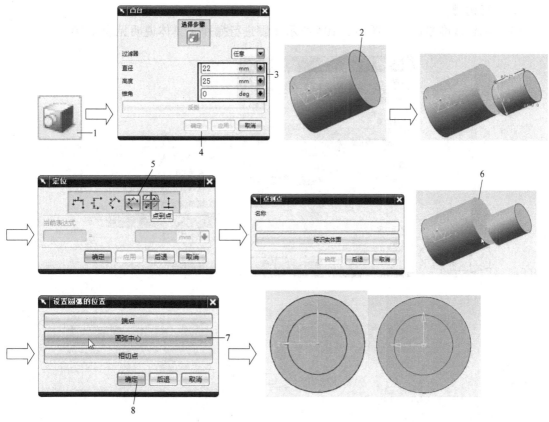

图 2-101 圆台 φ22×25 创建步骤

表 2-59 圆台 φ22×25 创建步骤

序号	操 作 说 明	序号	操 作 说 明
1	单击"凸台"图标，弹出"凸台"对话框	5	单击"点到点"图标，弹出"点到点"对话框
2	在绘图区，选择圆柱的右端面，出现圆柱凸台的示意图	6	在绘图区，选择大圆柱的外边缘，弹出"设置圆弧的位置"对话框
		7	单击"圆弧中心"选项
3	输入圆柱凸台的尺寸：直径22，高度25，锥角0		
4	单击"确定"，弹出"定位"对话框	8	单击"确定"，返回"凸台"对话框

（3）创建 φ22×30 圆台　如图 2-102 所示（步骤略）。

（4）创建 φ16×25 圆台　如图 2-103 所示（步骤略）。

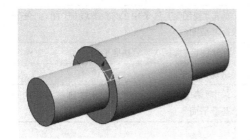

图 2-102　φ22×30 圆台

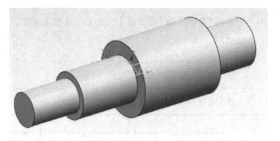

图 2-103　φ16×25 圆台

2. 创建键槽

（1）创建基准平面　按照图2-104所示步骤进行操作，具体说明见表2-60。

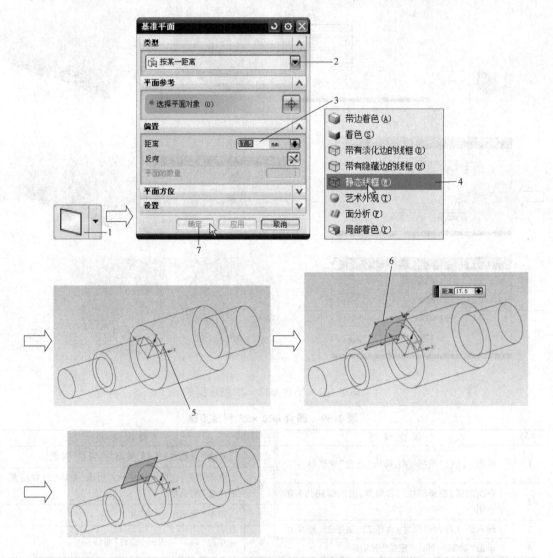

图2-104　基准平面创建步骤

表2-60　基准平面创建步骤

序号	操作说明	序号	操作说明
1	单击"基准平面"图标 ，出现"基准平面"对话框	4	单击"视图"工具条中的"静态线框"图标，便于选择基准面
		5	在绘图区，选择X-Y基准平面
2	在"类型"选项中，选择"按某一距离"	6	出现预览平面
3	在"偏置"距离中输入17.5	7	单击"确定"退出，创建出与φ35圆柱相切的一个基准平面

（2）创建键槽　按照图2-105所示步骤进行操作，具体说明见表2-61。

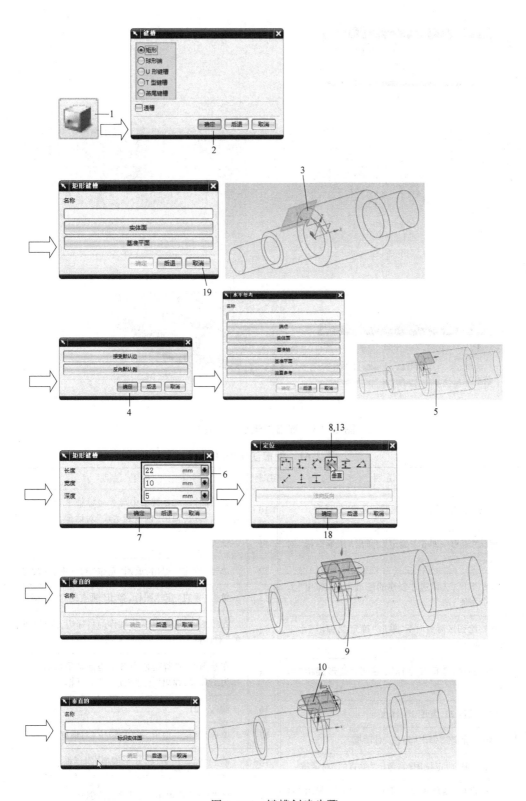

图 2-105 键槽创建步骤

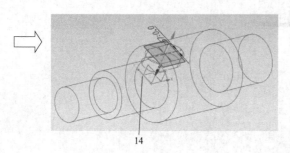

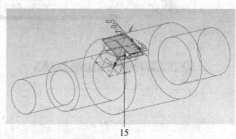

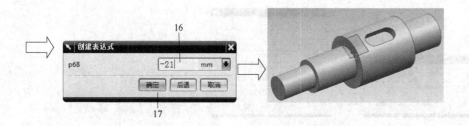

图 2-105　键槽创建步骤（续）

表 2-61　键槽创建步骤

序号	操作说明	序号	操作说明
1	单击"键槽"图标，出现"键槽"对话框	10	在绘图区,选择键槽中与 X 坐标轴平行的中心线作为工具边,弹出"创建表达式"对话框
2	默认"矩形",单击"确定",弹出"矩形键槽"对话框	11	输入 0
		12	单击"确定" 退出,返回"定位"对话框,继续定位
3	在绘图区,选择刚才创建的基准平面,弹出"方向"对话框	13	单击"垂直"定位图标,弹出"垂直的"对话框
4	观察绘图区箭头向下,单击"确定",弹出"水平参考"对话框	14	在绘图区,选择 Y 坐标轴作为目标边,弹出"垂直的"对话框
5	在绘图区,选择 X 坐标轴,弹出"矩形键槽"对话框	15	在绘图区,选择键槽中与 Y 坐标轴平行的中心线作为工具边,弹出"创建表达式"对话框
6	输入长度22,宽度10,深度5	16	输入 −21
7	单击"确定",弹出"定位"对话框	17	单击"确定" 退出,返回"定位"对话框
8	单击"垂直"定位图标,弹出"垂直的"对话框	18	单击"确定",返回"矩形键槽"对话框
9	在绘图区,选择 X 坐标轴作为目标边,弹出"垂直的"对话框	19	单击"取消"退出,完成键槽的创建

温馨提示：

1. 在给键槽定位时，距离数值可以根据实际操作的情况，改变正负值。若出现"工具体完全在目标外"的提示，则重新创建的时候，使符号相反即可。在本例中，与Y轴之间的距离是"-21"，可以试操作一下，输入"21"，会出现什么情况？

2. 单击"视图"工具条中的"带边着色"图标，模型按照实体显示。

3. 创建小孔

（1）创建45°平面　按照图2-106所示步骤进行操作，具体说明见表2-62。

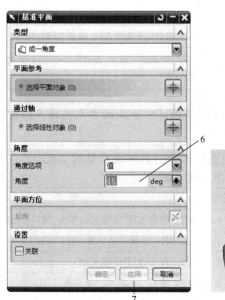
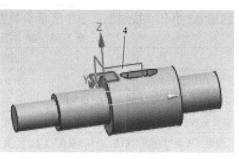

图2-106　角度平面创建步骤

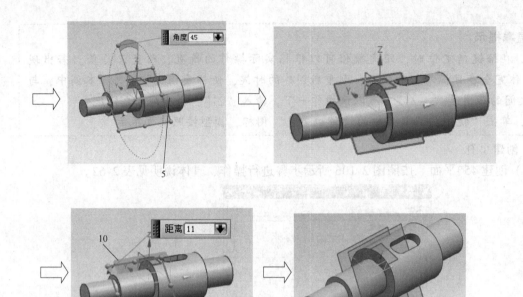

图 2-106 角度平面创建步骤（续）

表 2-62 角度平面创建步骤

序号	操作说明	序号	操作说明
1	单击"基准平面"图标，出现"基准平面"对话框	8	单击"类型"右面向下小箭头，弹出下拉菜单
2	单击"类型"右面向下小箭头，弹出下拉菜单	9	单击"按某一距离"，"基准平面"对话框发生变化
3	单击"成一角度"，"基准平面"对话框发生变化	10	在绘图区，选择刚才创建的 45°平面
4	在绘图区，选择 X-Z 基准平面	11	输入距离 11
5	在绘图区，继续选择 X 坐标轴作为旋转轴	12	观察创建平面的方向，单击"反向"图标
6	输入角度 45	13	单击"确定"退出，创建出一个与圆柱 $\phi22$ 相切的 45°平面
7	单击"应用"，创建出一个与 X-Z 基准平面成 45°夹角的平面		

> **温馨提示**：创建平面的时候，一定要注意观察绘图区中平面的方向、距离的方向或者角度的正负。

（2）创建 $\phi5$ 小孔 按照图 2-107 所示步骤进行操作，具体说明见表 2-63。

表 2-63 $\phi5$ 小孔创建步骤

序号	操作说明	序号	操作说明
1	单击"孔"图标，出现"孔"对话框	6	在"当前表达式"中输入 0，单击"应用"，继续定位
2	在绘图区选择与圆柱 $\phi22$ 相切的 45°角度面	7	在绘图区，选择 Y 坐标轴，弹出"定位"对话框
3	输入直径 5，深度 3，其他默认	8	在"当前表达式"中输入 16
4	单击"确定"，弹出"定位"对话框，默认"垂直"方向	9	单击"确定"，返回"孔"对话框
5	在绘图区，选择 X 坐标轴，弹出"定位"对话框	10	单击"取消"退出，完成孔的创建

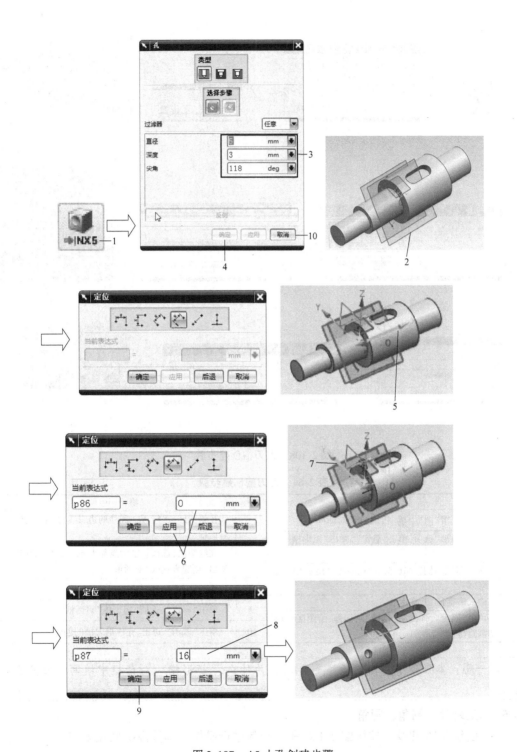

图 2-107 φ5 小孔创建步骤

4. 创建退刀槽

按照图 2-108 所示步骤进行操作，具体说明见表 2-64。

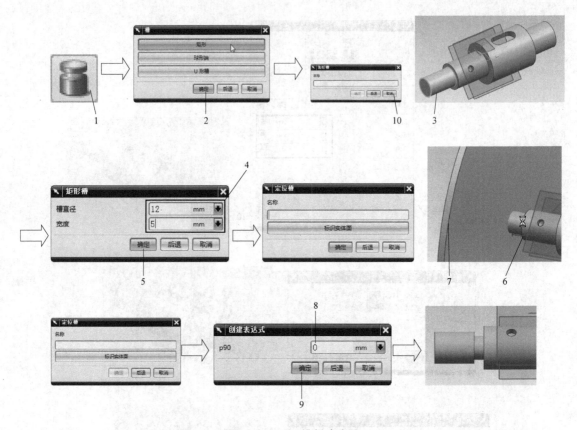

图 2-108　退刀槽创建步骤

表 2-64　退刀槽创建步骤

序号	操作说明	序号	操作说明
1	单击"开槽"图标　，出现"槽"对话框	6	在绘图区，选择 φ22 圆柱的边缘线，弹出"定位槽"对话框
2	默认"矩形"选项，单击"确定"，弹出"矩形槽"对话框	7	在绘图区，选择切割圆盘靠近 φ22 圆柱的外边缘，弹出"创建表达式"对话框
3	在绘图区，选择 φ16 圆柱面，弹出"矩形槽"对话框	8	输入 0
4	输入槽直径 12，宽度 5	9	单击"确定"，返回"矩形槽"对话框
5	单击"确定"，弹出"定位槽"对话框，绘图区弹出切割圆盘	10	单击"取消"退出，完成退刀槽的创建

> **想一想**：本任务中，槽宽标注是 5×2，为什么"矩形槽"对话框中填写的槽直径是 12 呢？

5. 创建螺纹、倒角、圆角

（1）创建 M16 螺纹　按照图 2-109 所示步骤进行操作，具体说明见表 2-65。

表 2-65　螺纹 M16 创建步骤

序号	操作说明	序号	操作说明
1	单击"螺纹"图标，出现"螺纹"对话框，默认"符号"	3	对话框中默认 M16 的各项参数，单击"确定"退出，完成螺纹创建
2	在绘图区，选择 M16 圆柱曲面		

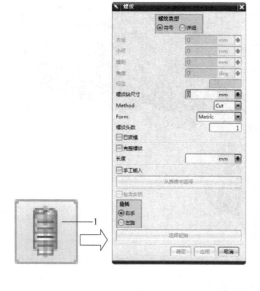

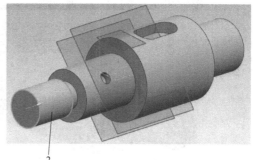

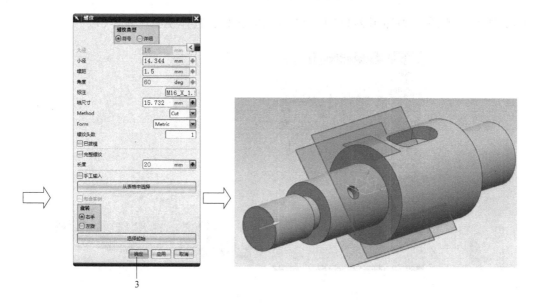

图 2-109 螺纹 M16 创建步骤

（2）隐藏平面 在绘图区，选择创建的 3 个平面，在键盘上按住"Ctrl + B"，将其隐藏。

（3）创建 C1 倒角 按照图 2-110 所示步骤进行操作，具体说明见表 2-66。

表 2-66 倒角 C1 创建步骤

序号	操 作 说 明	序号	操 作 说 明
1	单击"倒斜角"图标，出现"倒斜角"对话框	3	在绘图区,选择各圆柱段的外棱边
2	默认"对称"横截面,输入倒角距离1	4	单击"确定"退出,完成倒角

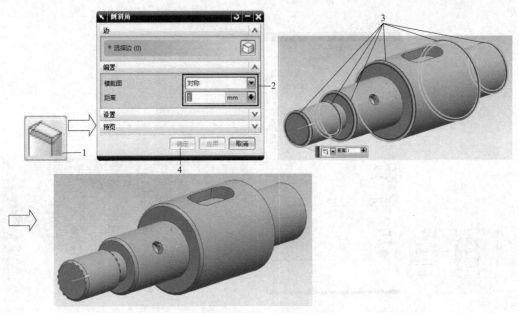

图 2-110　倒角 C1 创建步骤

（4）创建 R3 圆角　按照图 2-111 所示步骤进行操作，具体说明见表 2-67。

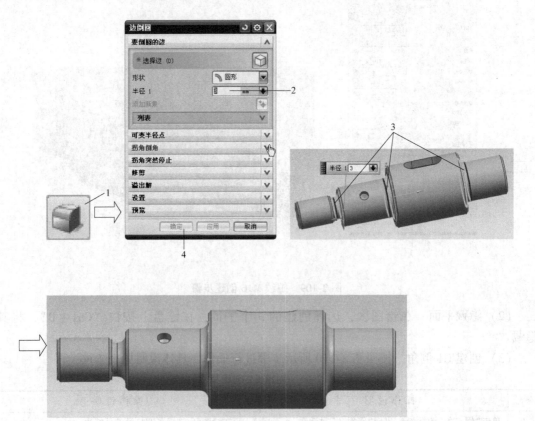

图 2-111　圆角 R3 创建步骤

表 2-67　圆角 R3 创建步骤

序号	操　作　说　明	序号	操　作　说　明
1	单击"边倒圆"图标，出现"边倒圆"对话框	3	在绘图区，选择各个阶梯轴的轴肩
2	输入圆角半径3	4	单击"确定"退出，完成圆角的创建

练习题

1. 创建图 2-112 所示的传动轴。

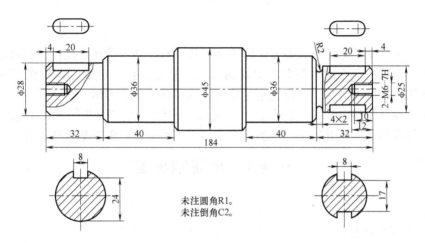

未注圆角R1。
未注倒角C2。

图 2-112　传动轴

2. 创建图 2-113 所示的底座。

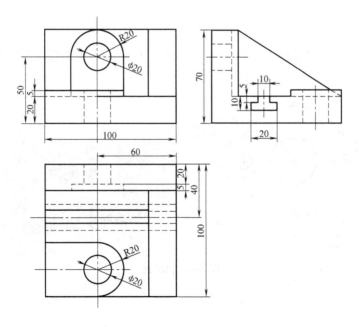

图 2-113　底座

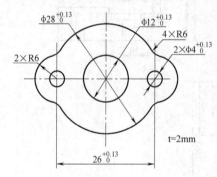

单元 3 草图建模

3

用草图工具创建的草图可以通过实体造型工具进行拉伸、旋转等操作，创建与草图关联的实体模型。在修改草图时，与草图关联的实体模型也会自动更新。在创建三维实体模型时，通过对实体模型的分析，可以先创建草图，然后再转化成实体。

草图是指在某个指定平面上的点、线（直线或曲线）等二维几何元素的总称。几乎所有的零件设计都是从草图开始的，绘制二维草图是三维实体建模的基础和关键。

任务 1 创建轴承盖

学习目标

1. 掌握圆弧的创建、圆的创建方法，并能灵活运用命令。
2. 掌握相切约束、同心约束、修剪、延伸等简单应用。
3. 掌握拉伸命令。

📖 任务描述

创建图 3-1 所示的轴承盖。该轴承盖由圆弧、圆两大部分组成，该零件可以通过绘制圆、圆弧、相切约束、同心约束、修剪、拉伸等步骤完成。

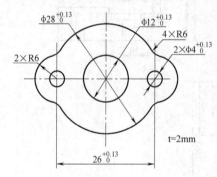

图 3-1 轴承盖

📐 任务实施

1. 进入草图工具

按照图 3-2 所示步骤进行操作，具体说明见表 3-1。

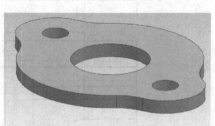

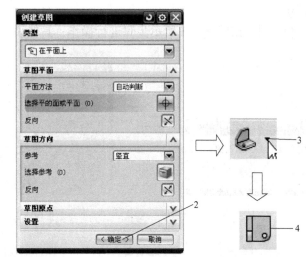

图 3-2 进入草图工具操作步骤

表 3-1 进入草图工具操作步骤

序号	操作说明	序号	操作说明
1	单击"草图"图标,出现"创建草图"对话框	4	单击"俯视图"
2	单击"确定"	5	定位工作视图与俯视图对齐
3	单击"正二测视图"菜单右侧的小箭头		

温馨提示:进入草图工具时,若工作视图与选择的绘图平面不对齐,不利于绘图操作,可能产生在绘图时绘图区无变化。

2. 创建草图

（1）绘制 φ12 圆　按照图 3-3 所示步骤进行操作，具体说明见表 3-2。

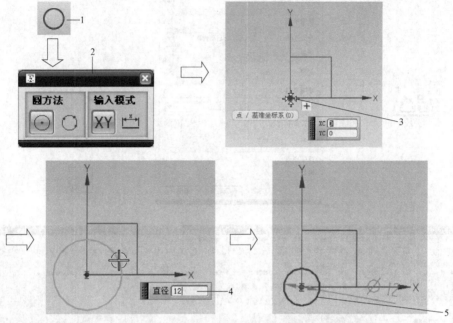

图 3-3　绘制 φ12 圆

表 3-2　绘制 φ12 圆

序号	操作说明	序号	操作说明
1	单击"圆"图标	4	直径输入 12，按"Enter"键确定
2	出现"圆"对话框	5	完成 φ12 圆的绘制
3	单击基准坐标系原点确定圆心，拖动鼠标绘制圆		

（2）绘制 φ28 圆　按照图 3-4 所示步骤进行操作，具体说明见表 3-3。

表 3-3　绘制 φ28 圆

序号	操作说明	序号	操作说明
1	由于上步操作为绘制 φ12 圆，所以圆的直径为 φ12	3	单击基准坐标系原点确定圆心，与 φ12 圆自动"同心"约束
2	直径输入 28，按"Enter"键确定	4	完成 φ28 圆的绘制

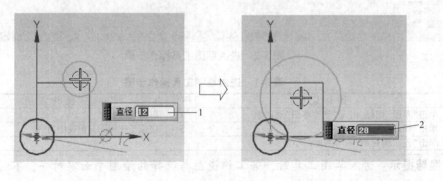

图 3-4　绘制 φ28 圆

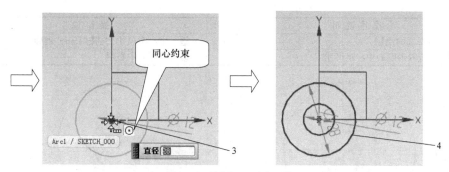

图 3-4 绘制 φ28 圆（续）

（3）绘制 φ4 圆 按照图 3-5 所示步骤进行操作，具体说明见表 3-4。

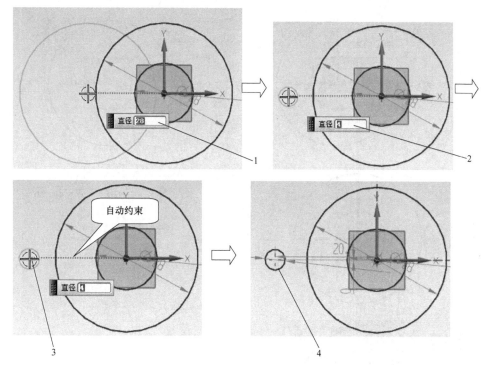

图 3-5 绘制 φ4 圆

表 3-4 绘制 φ4 圆

序号	操 作 说 明	序号	操 作 说 明
1	由于上步操作为绘制 φ28 圆,所以圆的直径为 φ28	3	单击基准坐标系 X 轴负半轴一点确定圆心,与 X 轴自动约束
2	直径输入 4,按"Enter"键确定	4	完成 φ4 圆的绘制

（4）绘制 R6 圆弧 按照图 3-6 所示步骤进行操作，具体说明见表 3-5。

表 3-5 绘制 R6 圆弧

序号	操 作 说 明	序号	操 作 说 明
1	由于上步操作为绘制 φ4 圆,所以圆的直径为 φ4	3	单击 φ4 圆的圆心确定 φ12 圆的圆心,与 φ4 圆自动"同心"约束
2	直径输入 12,按"Enter"键确定		

（续）

序号	操 作 说 明	序号	操 作 说 明
4	完成 φ12 圆的绘制	6	输入中心距尺寸13，按"Enter"键确定
5	鼠标左键双击圆心中心距尺寸	7	修改好圆心中心距

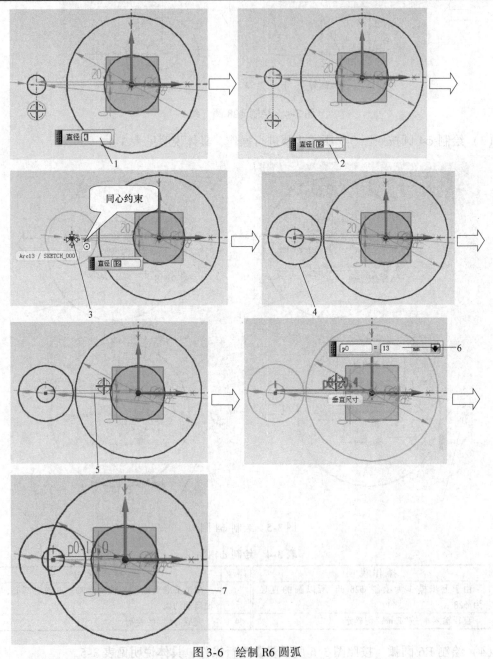

图 3-6　绘制 R6 圆弧

（5）创建 R6 圆角　按照图 3-7 所示步骤进行操作，具体说明见表 3-6。

表 3-6　绘制 R6 圆弧

序号	操 作 说 明	序号	操 作 说 明
1	单击"圆角"图标	3	单击 φ12 圆的上部边缘
2	圆角半径输入6，按"Enter"键确定	4	单击 φ28 圆的上部边缘

（续）

序号	操 作 说 明	序号	操 作 说 明
5	鼠标移动至 φ12 圆和 φ28 圆的外部,单击鼠标左键确定 R6 的圆角	7	单击 φ28 圆的下部边缘
6	单击 φ12 圆的下部边缘	8	鼠标移动至 φ12 圆和 φ28 圆的外部,单击鼠标左键确定 R6 的圆角

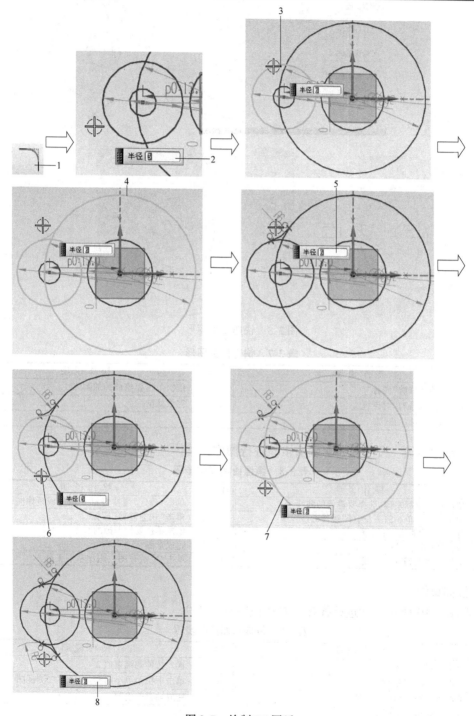

图 3-7　绘制 R6 圆弧

温馨提示：第 5 步和第 8 步如果鼠标移动至圆的内部，便会在内部倒圆角。

（6）快速修剪图形　按照图 3-8 所示步骤进行操作，具体说明见表 3-7。

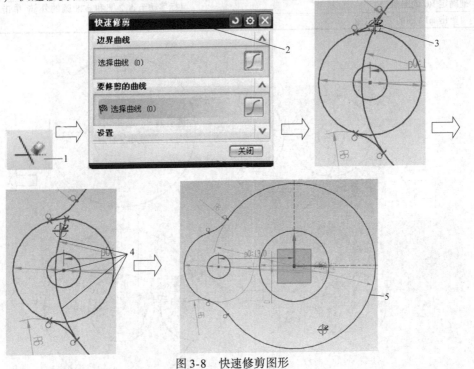

图 3-8　快速修剪图形

表 3-7　快速修剪图形

序号	操 作 说 明	序号	操 作 说 明
1	单击"快速修剪"图标	4	依次单击要修剪掉的圆弧
2	弹出"快速修剪"对话框	5	完成修剪
3	单击要修剪掉的圆弧		

（7）镜像曲线　按照图 3-9 所示步骤进行操作，具体说明见表 3-8。

表 3-8　镜像曲线操作步骤

序号	操 作 说 明	序号	操 作 说 明
1	依次单击鼠标左键，选择要镜像的曲线	6	单击"确定"或按"Enter"键完成镜像曲线
2	单击下拉菜单小箭头，选择"镜像曲线"	7	单击"快速修剪"图标
3	弹出"镜像曲线"对话框	8	依次单击要修剪掉的圆弧
4	单击选择镜像的中心线	9	完成草图
5	选择 Y 轴为镜像中心线	10	单击"完成草图"，退出草图工具

3. 拉伸草图

按照图 3-10 所示步骤进行操作，具体说明见表 3-9。

表 3-9　拉伸草图操作步骤

序号	操 作 说 明	序号	操 作 说 明
1	单击"拉伸"图标	5	输入拉伸的结束值 2
2	出现"拉伸"对话框	6	单击下拉菜单小箭头，选择正二测视图
3	单击草图绘制的图形曲线	7	完成轴承盖建模
4	输入拉伸的开始值 0		

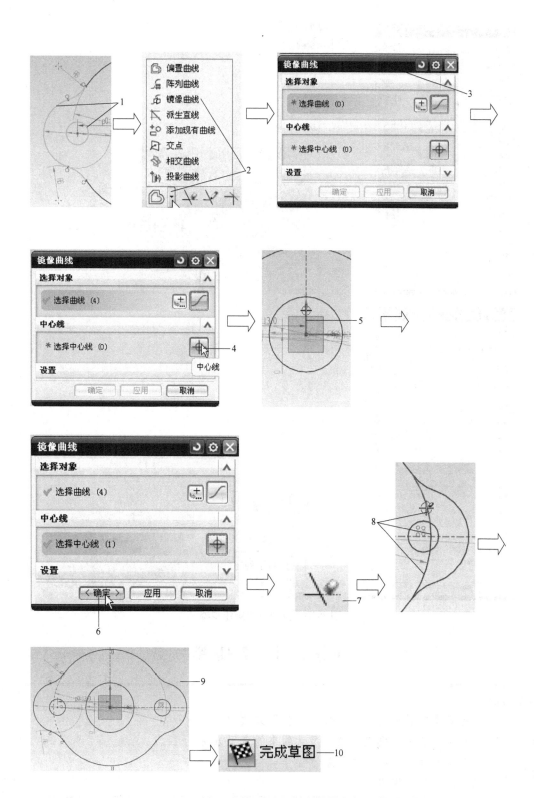

图 3-9 镜像曲线操作步骤

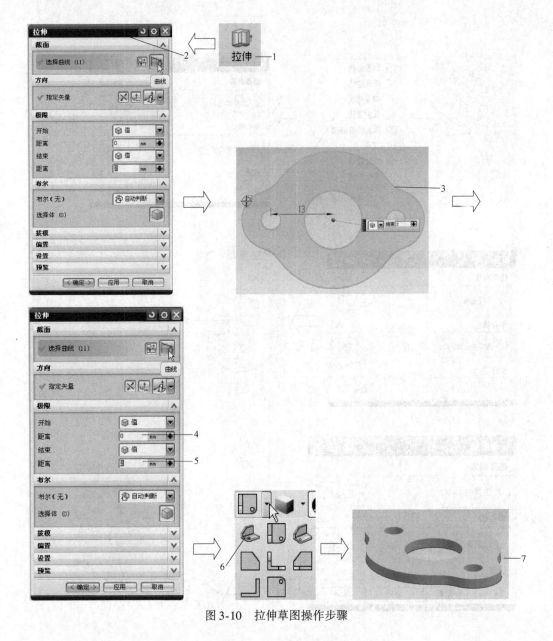

图 3-10　拉伸草图操作步骤

任务2　创建插销

学习目标

1. 掌握草图工具直线、圆弧命令的应用方法。
2. 掌握水平约束、垂直约束、尺寸约束的应用方法。
3. 理解快速修剪，并会进行基本操作。
4. 掌握回转的应用方法。

📖 **任务描述**

创建图 3-11 所示的插销，该插销由球头、圆柱、圆锥、圆孔四大部分组成，球头中心有圆孔，可以通过绘制草图获得。

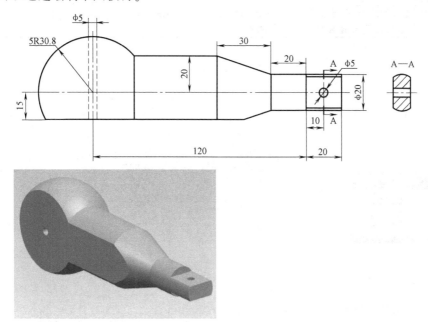

图 3-11　插销

△ **任务实施**

1. 进入草图工具

单击"草图"图标🔟，在 XY 平面上创建草图。

2. 创建草图

（1）绘制 SR30.8 圆球　按照图 3-12 所示步骤进行操作，具体说明见表 3-10。

表 3-10　绘制 SR30.8 圆球

序号	操作说明	序号	操作说明
1	单击"圆"图标	5	完成 φ61.6 圆的绘制
2	出现"圆"对话框	6	用鼠标左键双击圆心与 Y 轴尺寸，修改为 120，按"Enter"键确定
3	单击基准坐标系左侧任意一点确定圆心，拖动鼠标绘制圆	7	用鼠标左键双击圆心与 X 轴尺寸，修改为 0，按"Enter"键确定
4	直径输入 30.8 * 2，按"Enter"键确定	8	修改好尺寸约束

（2）绘制轮廓线　按照图 3-13 所示步骤进行操作，具体说明见表 3-11。

表 3-11　绘制轮廓线

序号	操作说明	序号	操作说明
1	单击"轮廓"图标	2	弹出"轮廓"对话框

（续）

序号	操作说明	序号	操作说明
3	在 φ61.6 圆圆心上方的圆里面，单击鼠标左键开始绘制轮廓线	6	单击鼠标右键，选择"确定"完成轮廓线
4	依次单击鼠标左键，绘制轮廓线		
5	完成轮廓线的绘制，不要再单击鼠标左键，若多绘制了曲线，可选择"快速修剪"删除多余曲线	7	根据图样修改各个尺寸约束

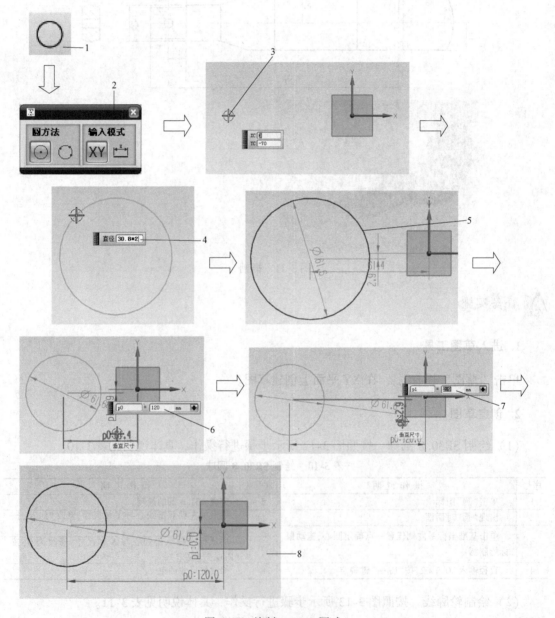

图 3-12　绘制 SR30.8 圆球

（3）快速延伸曲线　按照图 3-14 所示步骤进行操作，具体说明见表 3-12。

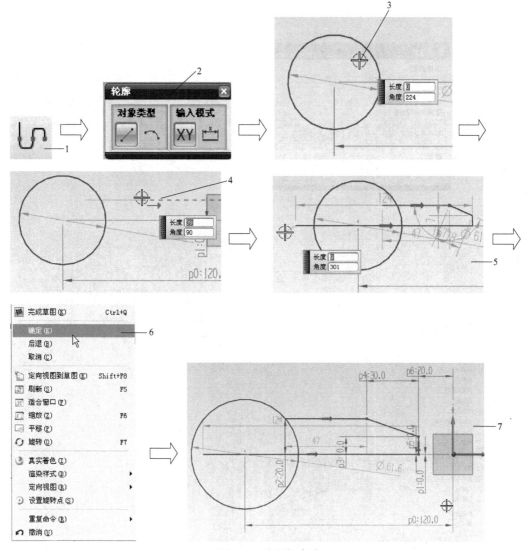

图 3-13　绘制轮廓线

表 3-12　快速延伸曲线

序号	操 作 说 明	序号	操 作 说 明
1	单击"快速延伸"图标	5	单击"快速修剪"图标,修剪掉图示曲线
2	弹出"快速延伸"对话框	6	用鼠标右键单击中间的直线,选择"转换为参考"
3	在需要延伸的线上单击鼠标左键,完成延伸	7	单击"完成草图",退出草图
4	单击"快速修剪"图标,修剪掉图示曲线		

3. 回转草图

按照图 3-15 所示步骤进行操作，具体说明见表 3-13。

表 3-13　回转草图

序号	操 作 说 明	序号	操 作 说 明
1	单击下拉菜单小箭头,选择"回转"	4	单击"回转"对话框中的"指定矢量"
2	出现"回转"对话框	5	选择参考线
3	单击绘制的图形	6	完成回转草图

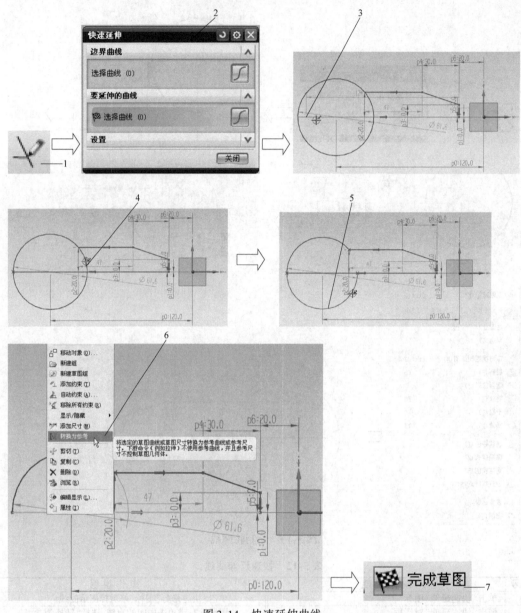

图 3-14 快速延伸曲线

4. 部分拉伸

（1）进入草图工具　按照图 3-16 所示步骤进行操作，具体说明见表 3-14。

表 3-14　进入草图工具

序号	操 作 说 明	序号	操 作 说 明
1	单击"草图"图标，出现"创建草图"对话框	4	单击"右视图"
2	单击"确定"	5	定位工作视图与右视图对齐
3	在绘图区单击锥台平面		

（2）创建 φ20 圆　按照图 3-17 所示步骤进行操作，具体说明见表 3-15。

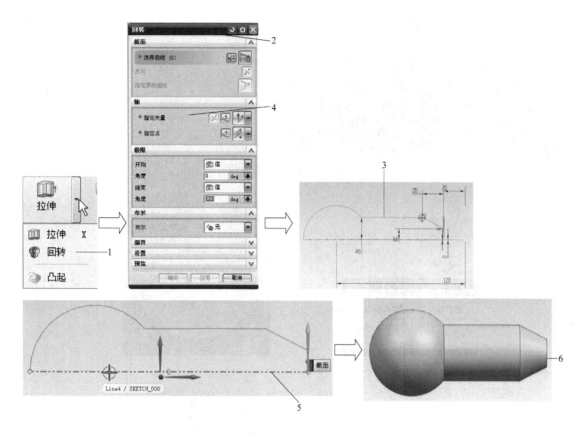

图 3-15　回转草图

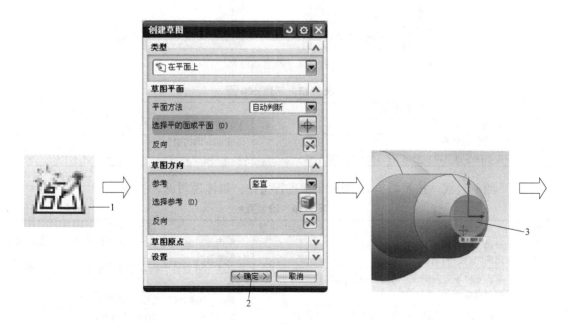

图 3-16　进入草图工具

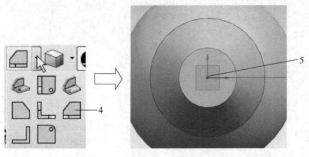

图 3-16　进入草图工具（续）

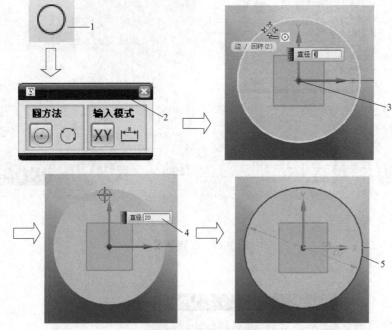

图 3-17　创建 φ20 圆

表 3-15　创建 φ20 圆

序号	操 作 说 明	序号	操 作 说 明
1	单击"圆"图标	4	直径输入 20，按"Enter"键确定
2	出现"圆"对话框	5	完成 φ20 圆的绘制
3	单击基准坐标系原点确定圆心，拖动鼠标绘制圆		

（3）绘制直线　按照图 3-18 所示步骤进行操作，具体说明见表 3-16。

表 3-16　绘制直线

序号	操 作 说 明	序号	操 作 说 明
1	单击"直线"图标	5	单击 φ20 圆外右侧一点确定直线起始点，拖动鼠标绘制直线
2	出现"直线"对话框		
3	单击 φ20 圆外左侧一点确定直线起始点，拖动鼠标绘制直线	6	单击 φ20 圆外右侧一点确定直线终点，完成绘制直线
		7	单击"快速修剪"图标，完成修剪草图
4	单击 φ20 圆外左侧一点确定直线终点，完成绘制直线	8	两侧直线与 Y 轴修改尺寸约束为 5
		9	完成草图

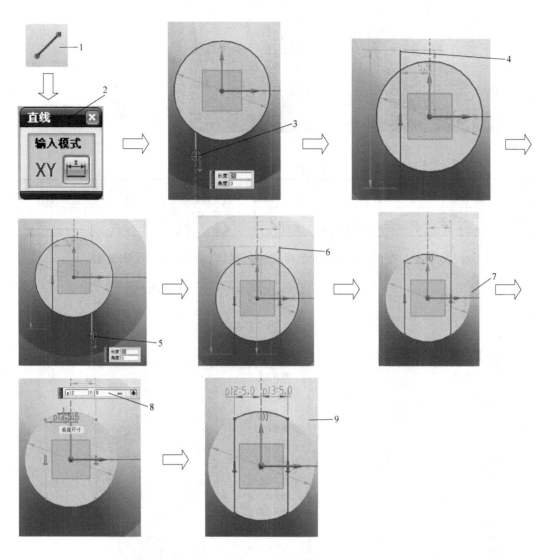

图 3-18 绘制直线

（4）创建 φ20 圆 按照图 3-19 所示步骤进行操作，具体说明见表 3-17。

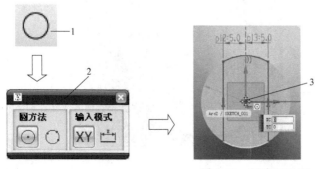

图 3-19 创建 φ20 圆

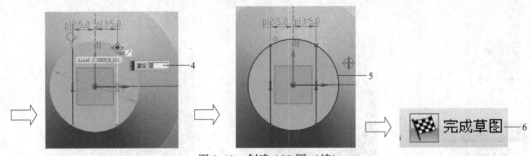

图3-19 创建 φ20 圆（续）

表3-17 创建 φ20 圆

序号	操作说明	序号	操作说明
1	单击"圆"图标	4	拖动鼠标绘制圆，单击圆上一点确定圆的直径
2	出现"圆"对话框	5	完成 φ20 圆的绘制
3	单击基准坐标系原点确定圆心，与 φ20 圆为"同心"约束	6	单击"完成草图"，退出草图

（5）部分拉伸草图 按照图3-20所示步骤进行操作，具体说明见表3-18。

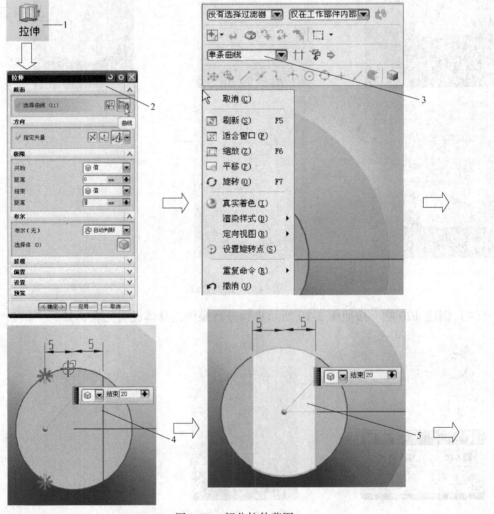

图3-20 部分拉伸草图

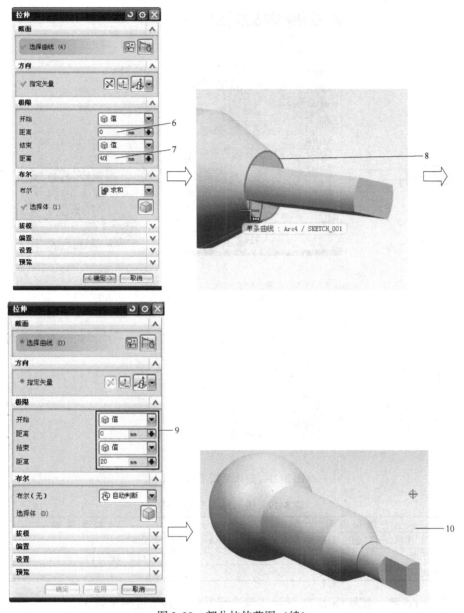

图 3-20　部分拉伸草图（续）

表 3-18　部分拉伸草图

序号	操 作 说 明	序号	操 作 说 明
1	单击"拉伸"图标	6	输入拉伸的开始值 0
2	出现"拉伸"对话框	7	输入拉伸的结束值 40
3	在绘图区域图示位置选择"单条曲线"	8	单击"拉伸"图标，出现"拉伸"对话框，单击 φ20 圆
4	依次单击草图绘制的图形	9	输入拉伸的开始值 0，输入拉伸的结束值 20
5	完成单条曲线的选择	10	完成部分拉伸

5. 创建平面圆孔

（1）进入草图工具　按照图 3-21 所示步骤进行操作，具体说明见表 3-19。

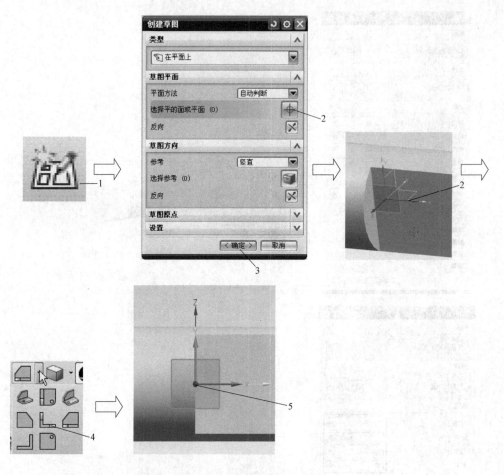

图 3-21　进入草图工具步骤

表 3-19　进入草图工具步骤

序号	操　作　说　明	序号	操　作　说　明
1	单击"草图"图标,出现"创建草图"对话框	4	单击"前视图"
2	选择 XZ 平面	5	定位工作视图与前视图对齐
3	单击"创建草图"对话框中的"确定"		

（2）创建 φ5 圆　按照图 3-22 所示步骤进行操作，具体说明见表 3-20。

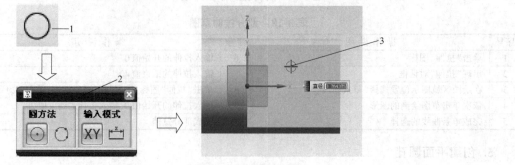

图 3-22　创建 φ5 圆

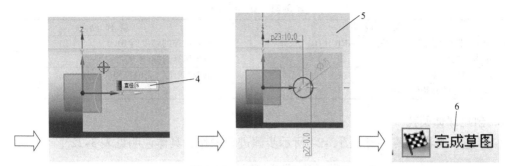

图 3-22　创建 φ5 圆（续）

表 3-20　创建 φ5 圆

序号	操作说明	序号	操作说明
1	单击"圆"图标	5	修改尺寸约束，φ5 圆与 Z 轴修改尺寸约束为 10，
2	出现"圆"对话框		与 X 轴修改尺寸约束为 0
3	单击一点确定圆心，拖动鼠标绘制圆	6	单击"完成草图"，退出草图
4	直径输入 5，按"Enter"键确定		

（3）拉伸草图　按照图 3-23 所示步骤进行操作，具体说明见表 3-21。

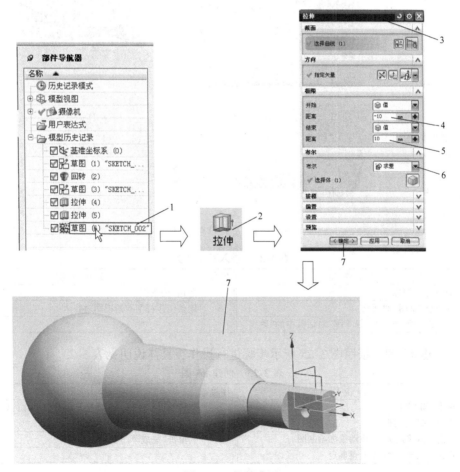

图 3-23　拉伸草图

表 3-21 拉伸草图

序号	操 作 说 明	序号	操 作 说 明
1	单击"部件导航器"中的草图(6)"SKETCH_002"，选择草图	5	输入拉伸的结束值 10
2	单击"拉伸"图标	6	布尔运算选择"求差"
3	出现"拉伸"对话框	7	单击"确定"，完成拉伸
4	输入拉伸的开始值 −10		

6. 创建球体圆孔

（1）进入草图工具　按照图 3-24 所示步骤进行操作，具体说明见表 3-22。

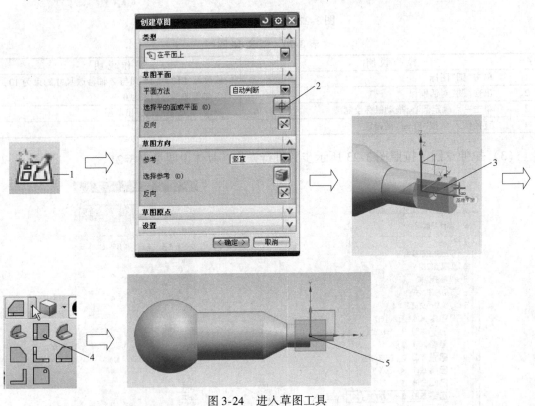

图 3-24　进入草图工具

表 3-22 进入草图工具

序号	操 作 说 明	序号	操 作 说 明
1	单击"草图"图标	4	单击"俯视图"
2	出现"创建草图"对话框	5	定位工作视图与俯视图对齐
3	选择 XY 平面，单击"创建草图"对话框中的"确定"		

（2）创建 ϕ5 圆　按照图 3-25 所示步骤进行操作，具体说明见表 3-23。

表 3-23 创建 ϕ5 圆

序号	操 作 说 明	序号	操 作 说 明
1	单击"圆"图标	5	修改尺寸约束，ϕ5 圆与 Y 轴修改尺寸约束为 120，与 X 轴修改尺寸约束为 0
2	出现"圆"对话框		
3	单击一点确定圆心，拖动鼠标绘制圆	6	单击"完成草图"，退出草图
4	直径输入 5，按"Enter"键确定		

（3）拉伸草图　按照图 3-26 所示步骤进行操作，具体说明见表 3-24。

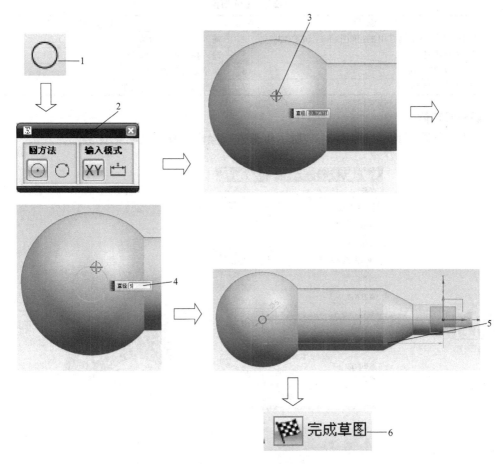

图 3-25　创建 φ5 圆

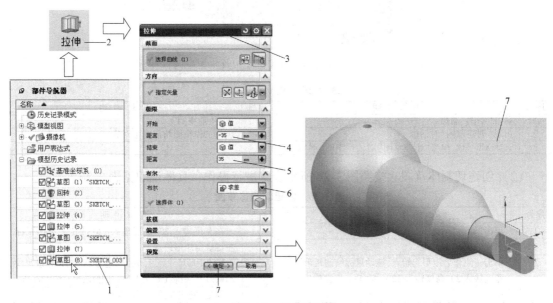

图 3-26　拉伸草图

表3-24　拉伸草图

序号	操 作 说 明	序号	操 作 说 明
1	单击"部件导航器"中的 草图（8）"SKETCH_003"，选择草图	4	输入拉伸的开始值 −35
		5	输入拉伸的结束值 35
2	单击"拉伸"图标	6	布尔运算选择"求差"
3	出现"拉伸"对话框	7	点击"确定"，完成拉伸

7. 切割回转体

（1）进入草图工具　按照图3-27所示步骤进行操作，具体说明见表3-25。

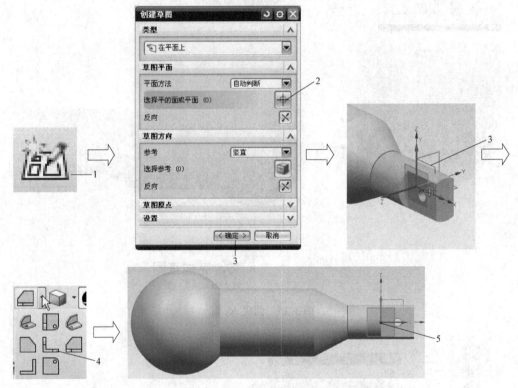

图3-27　进入草图工具

表3-25　进入草图工具

序号	操 作 说 明	序号	操 作 说 明
1	单击"草图"图标	4	单击"前视图"
2	出现"创建草图"对话框	5	定位工作视图与前视图对齐
3	选择XZ平面，单击"创建草图"对话框中的"确定"		

（2）创建切割体草图　按照图3-28所示步骤进行操作，具体说明见表3-26。

表3-26　创建切割体草图

序号	操 作 说 明	序号	操 作 说 明
1	单击"矩形"图标	5	在宽度输入20、高度输入120的位置单击鼠标左键确定矩形终点
2	出现"矩形"对话框		
3	单击一点作为矩形起始点，拖动鼠标绘制矩形	6	修改矩形尺寸约束，矩形右边与Z轴之间修改尺寸约束为28，矩形上边与X轴之间修改尺寸约束为15
4	宽度输入20，高度输入120，按"Enter"键确定矩形大小		
		7	单击"完成草图"，退出草图

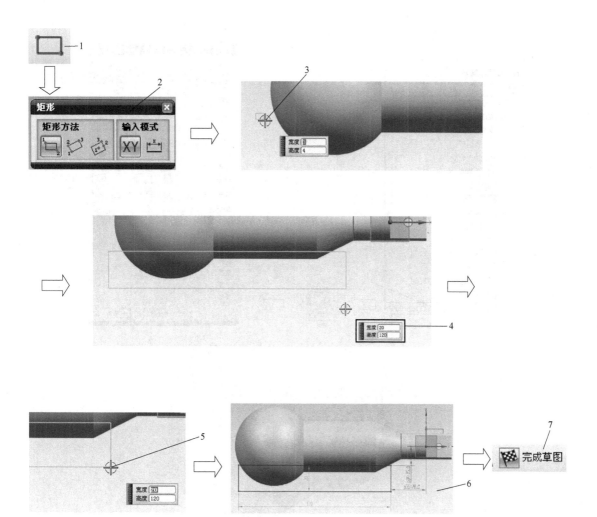

图 3-28 创建切割体草图

（3）拉伸草图 按照图 3-29 所示步骤进行操作，具体说明见表 3-27。

表 3-27 拉伸草图

序号	操 作 说 明	序号	操 作 说 明
1	单击"部件导航器"中的草图（10）"SKETCH_004"，选择草图	4	输入拉伸的开始值 −35
		5	输入拉伸的结束值 35
2	单击"拉伸"图标	6	布尔运算选择"求差"
3	出现"拉伸"对话框	7	单击"确定"，完成拉伸

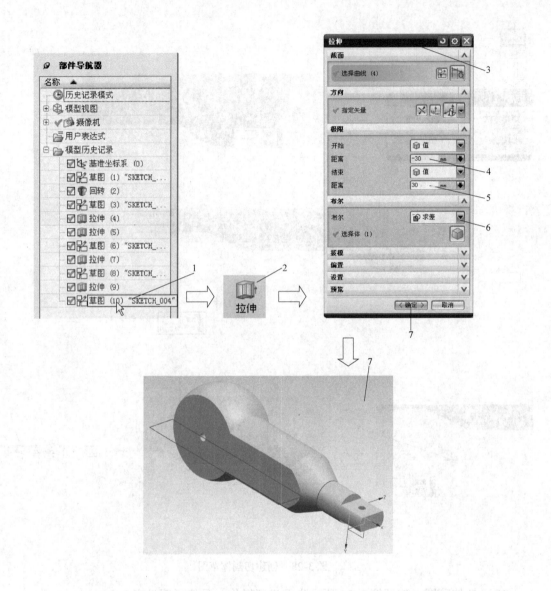

图 3-29   拉伸草图

8. 隐藏草图

按照图 3-30 所示步骤进行操作，具体说明见表 3-28。

表 3-28   隐藏草图

序号	操 作 说 明
1	用鼠标右键单击"基准坐标系"选择"隐藏"
2	用鼠标右键单击"草图(1)SKETCH_001"选择"隐藏"采用相同的方法,将其他草图隐藏
3	完成草图隐藏后的模型

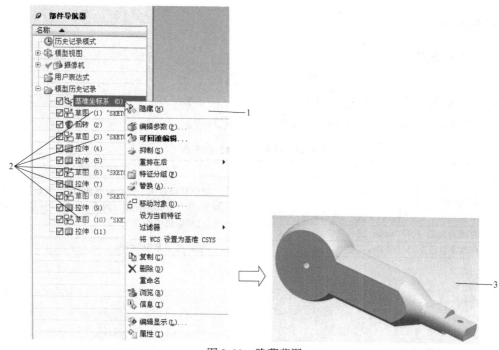

图 3-30　隐藏草图

任务 3　创建弯头

学习目标

1. 掌握草图工具圆弧命令的应用方法。
2. 掌握水平约束、垂直约束、尺寸约束的应用方法。
3. 理解引导线的意义。
4. 掌握扫掠的应用方法。

任务描述

　　创建图 3-31 所示的弯头。该零件为 PPR90°弯头，该弯头由圆管、圆弧组成，应用于 φ20mm 的 PPR 水管连接。

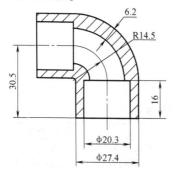
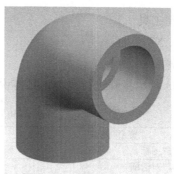

图 3-31　弯头

⚠ **任务实施**

1. 进入草图工具

单击"草图"图标 ⛏，在 XY 平面上建立草图。

2. 创建草图：绘制 φ27.4、φ15 圆

按照图 3-32 所示步骤进行操作，具体说明见表 3-29。

表 3-29　绘制 φ27.4、φ15 圆

序号	操 作 说 明	序号	操 作 说 明
1	单击"圆"图标	6	鼠标移到 φ27.5 圆心位置附近时，出现同心约束符号，单击鼠标左键确定圆心，弹出"快速拾取"对话框，选择圆弧中心
2	出现"圆"对话框		
3	单击基准坐标系原点确定圆心，拖动鼠标绘制圆		
4	直径输入 27.4，按"Enter"键确定		
5	修改圆直径为 15，按"Enter"键	7	单击"完成草图"图标

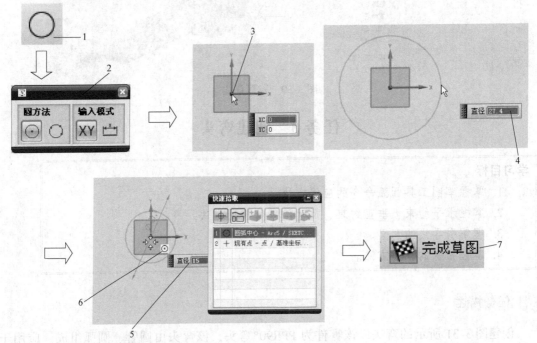

图 3-32　绘制 φ27.4、φ15 圆

3. 进入草图工具

草图建立在 XZ 平面。

4. 绘制引导线

按照图 3-33 所示步骤进行操作，具体说明见表 3-30。

表 3-30　绘制引导线

序号	操 作 说 明	序号	操 作 说 明
1	单击"轮廓"图标	4	单击鼠标左键绘制直线
2	出现"轮廓"对话框	5	按着鼠标左键，迅速拖动鼠标画弧，原先的直线变成曲线，就可以进行圆弧的绘制了
3	单击基准坐标系原点确定轮廓起点		

（续）

序号	操 作 说 明	序号	操 作 说 明
6	在扫掠角度为90°时,单击鼠标左键确定圆弧终点	9	修改尺寸约束,直线长度为16,圆弧半径为14.5
7	单击鼠标左键绘制直线	10	单击"完成草图",退出草图
8	单击鼠标右键,选择"确定"		

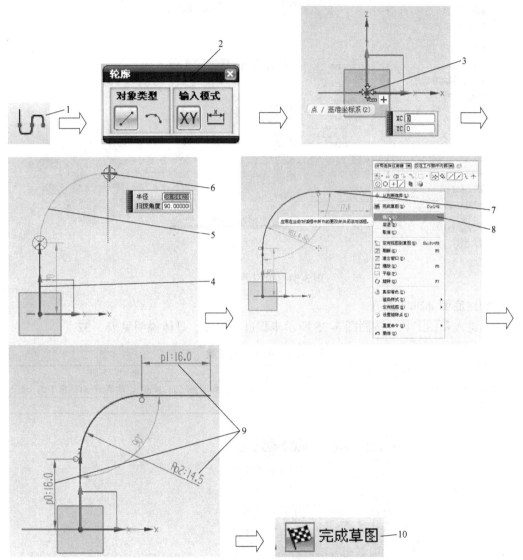

图 3-33　绘制引导线

5. 沿引导线扫掠

按照图 3-34 所示步骤进行操作，具体说明见表 3-31。

表 3-31　沿引导线扫掠

序号	操 作 说 明	序号	操 作 说 明
1	单击"插入"菜单	5	单击"引导线"下的"选择曲线",绘制引导线的草图
2	选择"扫掠"	6	单击"确定"
3	选择"沿引导线扫掠"	7	完成沿引导线扫掠
4	单击"截面"下的"选择曲线",选择 φ27.4、φ15 圆的草图		

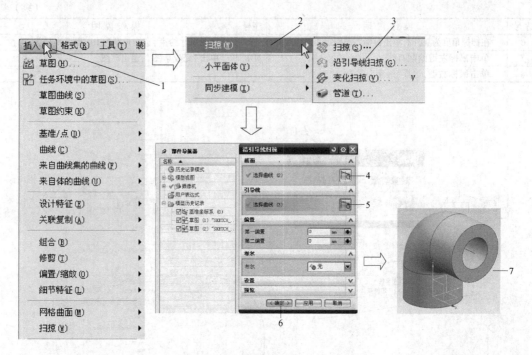

图 3-34　沿引导线扫掠

6. 创建底面 φ20.3 圆孔

（1）进入草图工具　按照图 3-35 所示步骤进行操作，具体说明见表 3-32。

表 3-32　进入草图工具

序号	操 作 说 明	序号	操 作 说 明
1	单击"草图"图标	3	选择弯头底面，单击"创建草图"对话框中的"确定"
2	出现"创建草图"对话框		

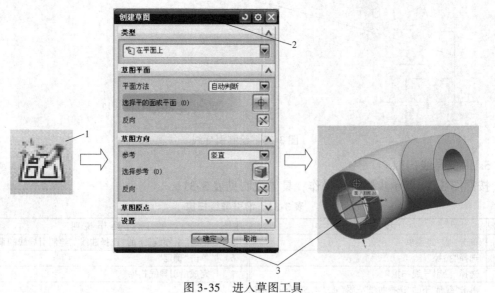

图 3-35　进入草图工具

（2）创建切割体草图　按照图 3-36 所示步骤进行操作，具体说明见表 3-33。

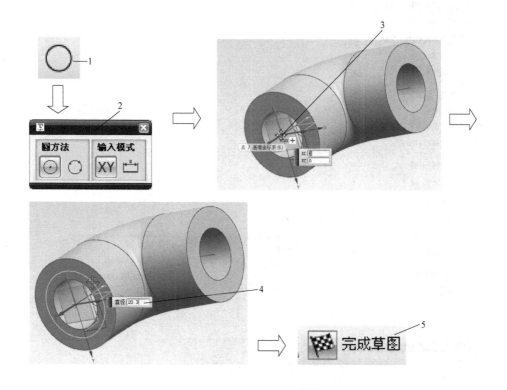

图 3-36　创建切割体草图

表 3-33　创建切割体草图

序号	操 作 说 明	序号	操 作 说 明
1	单击"圆"图标	4	直径输入 20.3，按"Enter"键确定
2	出现"圆"对话框	5	单击"完成草图"，退出草图
3	单击基准坐标系原点确定圆心，拖动鼠标绘制圆		

（3）沿引导线扫掠　按照图 3-37 所示步骤进行操作，具体说明见表 3-34。

表 3-34　沿引导线扫掠

序号	操 作 说 明	序号	操 作 说 明
1	单击"插入"菜单	6	单击鼠标右键，选择单条曲线，选择 16mm 直线段（鼠标处）
2	选择"扫掠"		
3	选择"沿引导线扫掠"		
4	单击"截面"下的"选择曲线"，选择 φ20.3 圆的草图	7	布尔运算选择"求差"
		8	单击"确定"
5	单击"引导线"下的"选择曲线"，用鼠标左键单击曲线图标	9	完成沿引导线扫掠

7. 创建侧面 φ20.3 圆孔

创建步骤与创建底面 φ20.3 圆孔相同（不再详述）。

8. 隐藏草图

隐藏草图，完成后如图 3-38 所示。

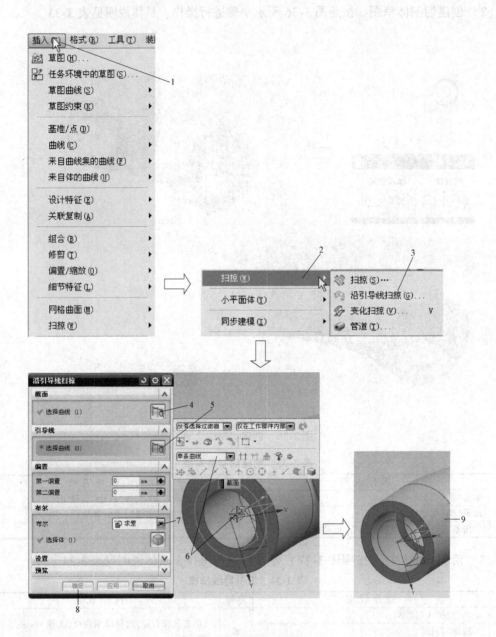

图 3-37　沿引导线扫掠

 练习题

1. 绘制图 3-39 所示的挂板草图。
2. 创建图 3-40 所示的连接板。
3. 创建图 3-41 所示的小车轮。
4. 创建图 3-42 所示的支座。
5. 创建图 3-43 所示的把手。

图 3-38　弯头

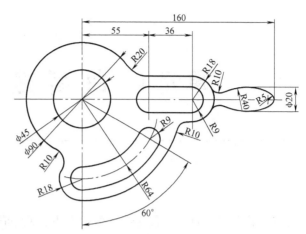

图 3-39　挂板

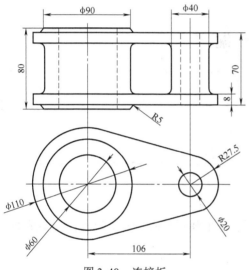

图 3-40　连接板

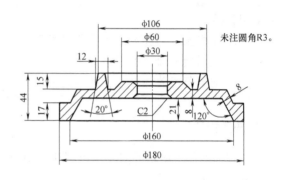

图 3-41　小车轮

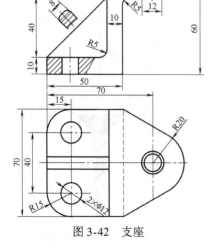

图 3-42　支座

图 3-43　把手

单元4 曲面建模

4

在现代产品的设计中，仅用特征建模方法已无法满足设计要求，曲面设计在现代产品设计中越来越重要。UG 具有强大的曲面设计功能，为用户提供了 20 多种创建曲面的方法，大大满足了现代工业设计的要求。

任务1 创建漏斗

> **学习目标**
> 1. 掌握直纹曲面命令的操作过程及应用方法。
> 2. 巩固旋转命令的应用方法。
> 3. 理解修剪片体命令，并会运用。

📖 **任务描述**

创建如图 4-1 所示的漏斗。该漏斗由两个锥面、一个圆环平面、一个带有孔的小平面组成，漏斗立体图如图 4-2 所示。

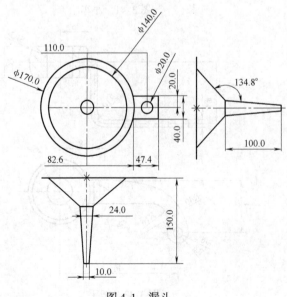

图 4-1 漏斗

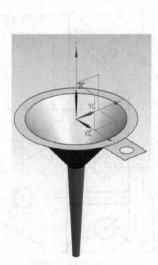

图 4-2 漏斗立体图

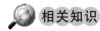相关知识

1. 直纹面

直纹面是通过用户指定的两条截面线串和对齐方式来创建的。创建的方法是依据用户选择的两条截面线串来生成片体或实体，如果曲面的对齐方式为脊线时，还需要选择另一条曲线作为曲面的脊线，直纹面的创建方法较为简单，操作方法说明如下。

在"曲面"工具条中单击"直纹"按钮 ✎ ，弹出的对话框如图4-3所示，可在绘图区域选择"截面线串1"后，单击"截面线串2"按钮，再选择截面线串2。

若工具条中没有"直纹"图标，可以从"定制"添加。从"插入"命令中的"网格曲面"中找到该命令，拖曳到"曲面"工具条中；也可以单击"插入"菜单中的"网格曲面"中的"直纹"。

图4-3　"直纹"对话框

在对齐方式下拉列表框中，共有两种对齐方式（见图4-4）。

（1）参数　系统将在用户指定的截面线串上等参数分布连接点。等参数的原则是：如果截面线串是直线，则等距分布连接点；如果截面线串是曲线，则按照等弧长的方式在曲线上分布点，参数对齐方式是系统默认的对齐方式。

（2）根据点　如图4-5所示，选定后会出现指定点选项和重置按钮，在绘图区选择指定点后，如果对该点不满意，可以单击"重置"按钮，然后重新选择指定点。

图4-4　对齐选项

图4-5　重置选项

在设置公差方式下拉列表框中，G0（位置）用来设定指定曲线和生成的曲面之间的公差。

2. 修剪片体

裁剪片体的方法是指用户指定修剪边界和投影方向后，系统把修剪边界按投影方向投影

到目标面上，裁剪目标面而得到新曲面。修剪边界可以是实体面、实体边缘，也可以是曲线，还可以是基准面。投影面可以是面的法向，也可以是基准轴，还可以是坐标轴，如 XC 和 ZC 轴等。

单击曲面工具条中的"修剪片体"图标 ，打开如图 4-6 所示的"修剪片体"对话框，提示"选择要修剪的片体"。

图 4-6 "修剪片体"对话框

任务实施

1. 创建回转曲面

（1）绘制两锥面及环形平面基本曲线 按照图 4-7 所示步骤进行操作，具体说明见表4-1。

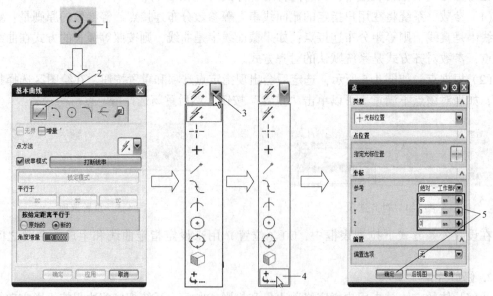

图 4-7 绘制两锥面及环形平面基本曲线

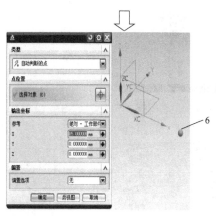

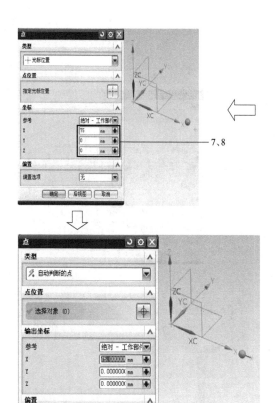

图4-7　绘制两锥面及环形平面基本曲线（续）

表4-1　绘制两锥面和环形平面基本曲线

序号	操 作 说 明
1	单击"曲线"工具条,选择"基本曲线"命令
2	出现"基本曲线"对话框,选择"直线"
3	单击"点"图标右侧黑色下拉箭头
4	单击"点构造器"命令
5	在打开的"点"对话框中,输入(85,0,0),并单击"确定"按钮
6	在界面中出现创建的点(85,0,0)
7	按照前面的方法创建点(75,0,0),在屏幕上得到直线
8	依次创建点(12,0,-50)、(5,0,-150),得到图4-8所示基本曲线

图4-8　两锥面和环形
平面基本曲线

（2）创建回转曲面　按照图4-9所示步骤进行操作，具体说明见表4-2。

表4-2　创建回转曲面

序号	操 作 说 明	序号	操 作 说 明
1	单击菜单"曲线"工具条,选择"回转"命令	5	选择"Z"轴
2	出现"回转"对话框,选择"选择曲线"	6	默认旋转360°,单击"确定"按钮
3	选择绘制的二维图形	7	形成三维图形
4	单击"指定矢量"命令		

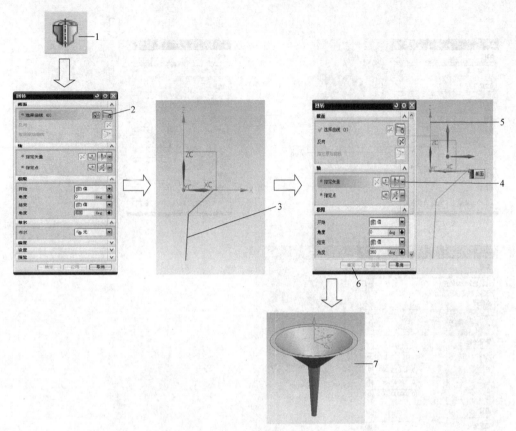

图4-9　创建回转曲面

2. 创建直纹面（侧耳）

（1）隐藏已创建好的片体，绘制如图4-10所示的侧耳草图。

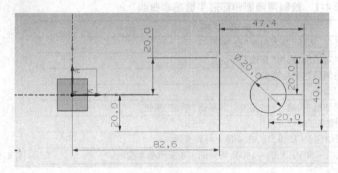

图4-10　侧耳草图

（2）创建直纹曲面　按照图4-11所示步骤进行操作，具体说明见表4-3。

表4-3　创建直纹曲面

序号	操作说明	序号	操作说明
1	单击"曲面"工具条,选择"直纹"命令	4、5	选择"截面线串2"中的"选择曲线"
2、3	出现"直纹"对话框,选择"截面线串1"中的"选择曲线或点"	6、7	单击"确定",出现直纹曲面

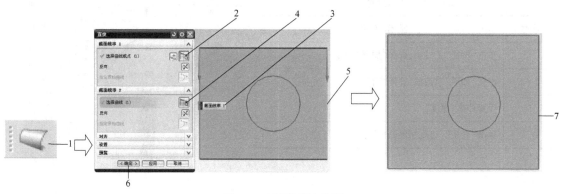

图 4-11　创建直纹曲面

> **温馨提示**：图4-11中，3和5中两条边在拾取后会出现两个箭头，箭头的朝向必须一致，否则生成的曲面会扭曲。

3. 片体编辑

（1）修剪片体　按照图4-12所示步骤进行操作，具体说明见表4-4。

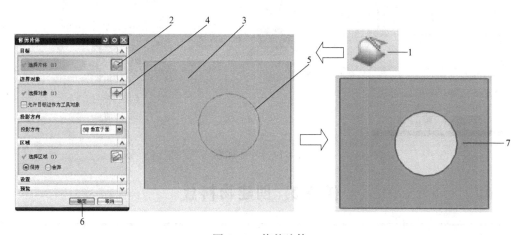

图 4-12　修剪片体

表 4-4　修剪片体

序号	操作说明	序号	操作说明
1	单击"特征"工具条,选择"修剪片体"命令	4、5	选择"边界对象"
2、3	出现"修剪片体"对话框,选择"目标片体"	6、7	单击"确定"命令,出现修剪后的片体

（2）显示已隐藏的片体　单击"修剪片体"按钮，按图4-12所示的步骤修剪侧耳，将侧耳作为"目标片体"漏斗主体作为"边界对象"，得到图4-13所示的漏斗。

（3）片体加厚　按照图4-14所示步骤进行操作，具体说明见表4-5。

表4-5　片体加厚

序号	操作说明
1	单击"特征"工具条,选择"加厚"命令
2～4	出现"加厚"对话框,选择"面"
5	设置片体"厚度"
6、7	单击"确定",出现加厚的片体

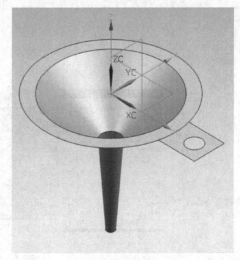

图4-13　漏斗

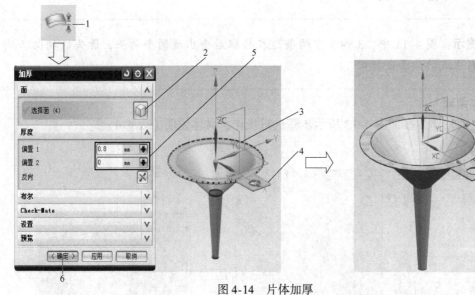

图4-14　片体加厚

任务2　创建物料盒

学习目标

1. 掌握扫掠曲面命令的操作过程及应用方法。
2. 熟练运用变换命令中的各子选项。
3. 掌握曲面镜像特征指令的使用方法。

任务描述

创建图4-15所示的物料盒。该物料盒底部有四个支撑柱，底面有31个漏水孔，四侧壁垂直于底面，盒沿由流线曲面构成。如图4-16所示是物料盒的立体图。

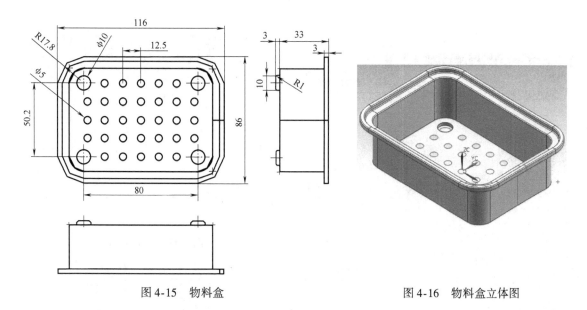

图 4-15 物料盒   图 4-16 物料盒立体图

相关知识

扫掠曲面就是用规定的方式沿一条（或多条）空间路径（引导曲线）移动轮廓线（截面线串）而生成的曲面。

截面线串可以由单个或多个对象组成，每个对象可以是曲线、边缘或实体面，每组截面线串内的对象数量可以不同。截面线串的数量可以是 1～150 间的任意数值。

引导线在扫掠过程中控制着扫掠体的方向和比例。在创建扫掠体时，必须提供一条、两条或者三条引导曲线串。如果提供一条引导线不能完全控制截面大小和方向变化的趋势，需要进一步指定截面变化的方法；提供两条导引线时，可以确定截面线沿引导线扫掠的方向趋势，但是尺寸可以改变，还需要设置截面比例变化；提供三条引导线时，完全确定了截面线被扫掠时的方位和尺寸变化，无需另外指定方向和比例就可以直接生成曲面。扫掠曲面的操作方法如图 4-17 所示。

任务实施

1. 创建扫掠面

（1）绘制底面草图　如图 4-18 所示。

（2）绘制侧壁及边沿曲线　单击基本曲线命令，选择直线，依次输入（50，0，0）、（50，0，30）、（55，0，30）、（55，0，33）、（58，0，33）、（58，0，30），得到侧壁及边沿曲线，如图 4-19 所示。

（3）扫掠曲面　利用已经绘制的底面图作引导线，用侧壁及边沿曲线作截面，绘制侧壁和边沿曲面，按照图 4-20 所示步骤进行操作，具体说明见表 4-6。

表 4-6　创建扫掠曲面

序号	操 作 说 明	序号	操 作 说 明
1	单击菜单"插入"，选择"扫掠"命令	4、5	选择引导线
2、3	选择截面曲线	6、7	单击"确定"，出现扫掠曲面

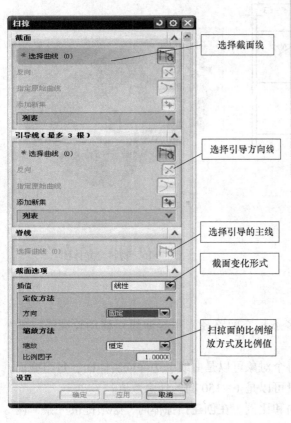

选择截面线

选择引导方向线

选择引导的主线

截面变化形式

扫掠面的比例缩放方式及比例值

图 4-17　扫掠曲面的操作方法

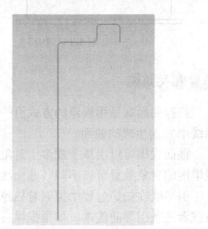

图 4-18　底面草图

图 4-19　侧壁及边沿曲线

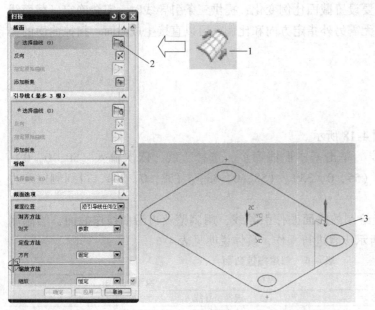

图 4-20　创建扫掠曲面

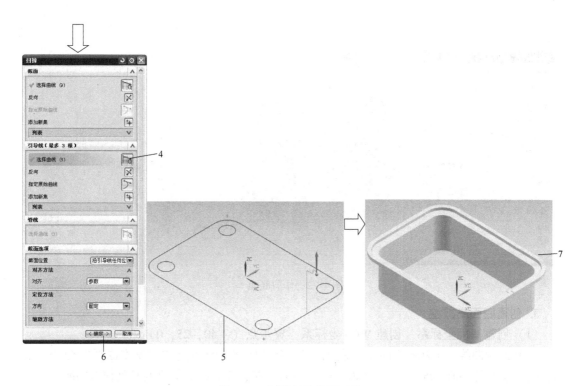

图 4-20 创建扫掠曲面（续）

2. 创建底面

（1）按照图 4-21 所示步骤进行操作，具体说明见表 4-7。

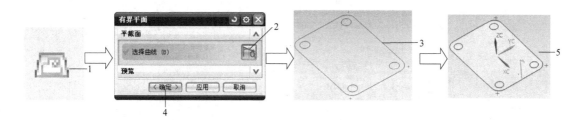

图 4-21 创建底面

表 4-7 创建底面

序号	操作说明	序号	操作说明
1	单击菜单"插入"，选择"曲面"工具条，选择"有界平面"命令	2、3	选择平截面曲线
		4、5	单击"确定"，出现底面

（2）修剪底面 按照图 4-22 所示步骤进行操作，具体说明见表 4-8。

表 4-8 修剪底面

序号	操作说明	序号	操作说明
1	单击工具条中的"修剪片体"命令，弹出"修剪片体"对话框	4、5	选择修剪边界
2、3	选择被修剪的片体	6、7	单击"确定"，出现修剪后的底面

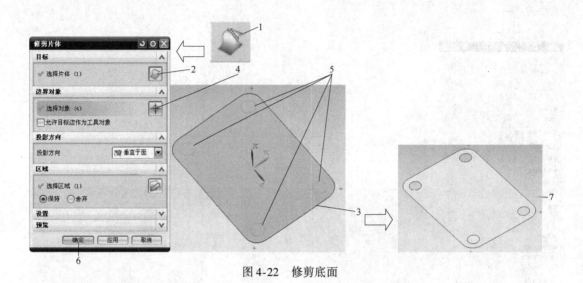

图4-22　修剪底面

3. 创建底面支撑柱

（1）创建基准坐标系　创建 WCS 坐标系，置于点（-40，25，0）处。

（2）绘制曲线　将视图定向至"左视图"，单击曲线工具条上的"基本曲线"命令，绘制直线，输入点（40，25，-3）、（40，30，-3）、（40，30，0），并在直角处作 R1 倒角，

（3）倒圆角　按照图4-23所示步骤进行操作，具体说明见表4-9。

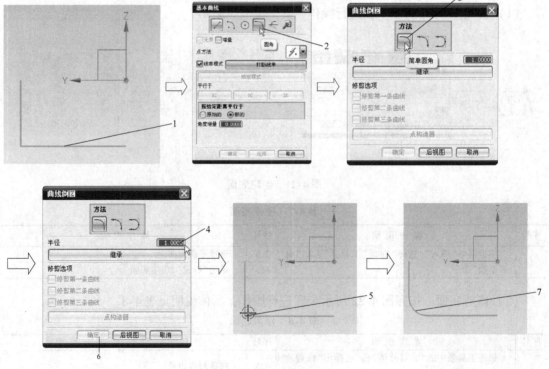

图4-23　倒圆角

　　温馨提示：倒圆角时，鼠标球必须放在两线相交处，否则倒出的角可能会以其中一条边为基准不动，另一边产生角度位移。

表4-9　倒圆角

序号	操 作 说 明	序号	操 作 说 明
1	根据已知点坐标绘制曲线	4	输入圆角半径
2	打开"基本曲线"对话框，选择"圆角"命令	5	将鼠标球放在两垂线相交处，单击鼠标左键
3	选择"简单圆角"方法	6、7	单击"确定"，出现圆角

　　（4）创建支撑柱　按照图4-24所示步骤进行操作，具体说明见表4-10。

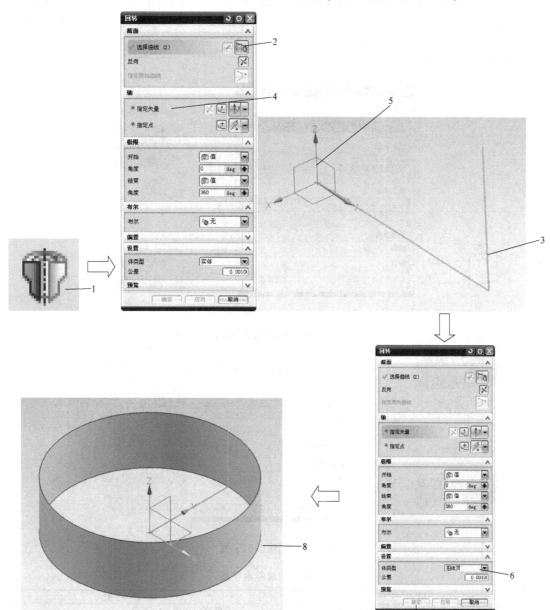

图4-24　创建支撑柱

表4-10　创建支撑柱

序号	操作说明
1	单击"特征"工具条中的"回转"命令,弹出"回转"对话框
2、3	选择截面曲线
4、5	指定矢量轴
6	设置体类型为"图纸页"
7、8	单击"确定",出现支撑柱

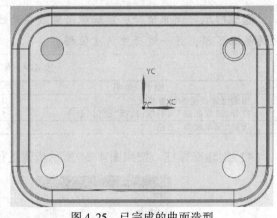

图4-25　已完成的曲面造型

（5）创建镜像特征　显示已隐藏的文件，如图4-25所示，尚有三处支撑柱未做好，可作如下处理。

1）创建基准平面：按照图4-26所示步骤进行操作，具体说明见表4-11。

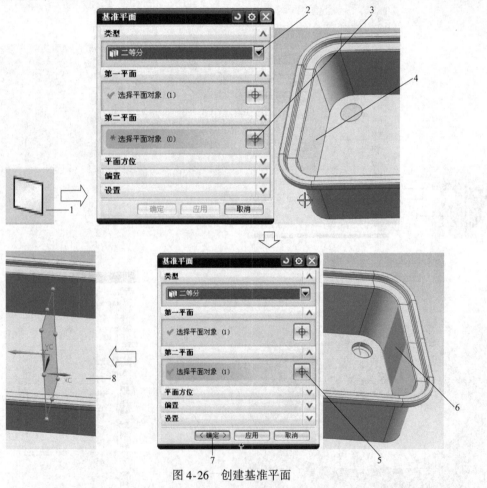

图4-26　创建基准平面

表4-11　创建基准平面

序号	操作说明	序号	操作说明
1	在"特征"工具条中单击"基准平面"图标	5、6	选择第二平面
2	出现"基准平面"对话框,选择"二等分"	7、8	单击"确定",出现基准平面。用上述方法可做出前后的对称基面
3、4	选择第一平面		

2）镜像特征：按照图4-27所示步骤进行操作，具体说明见表4-12。

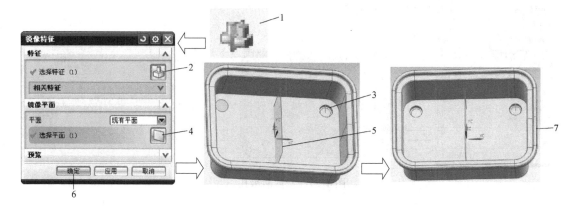

图4-27 创建镜像特征步骤

表4-12 创建镜像特征步骤

序号	操 作 说 明	序号	操 作 说 明
1	在菜单"插入"中选择"关联复制选项"，单击"镜像特征"命令	4、5	选择镜像面
2、3	弹出"镜像特征"对话框,选择支撑柱曲面作为要被镜像的曲面	6、7	单击"确定",出现镜像特征。用上述方法可做出前后的镜像特征

4. 创建漏水孔

（1）绘制漏水孔曲线 利用基本曲线功能在（0，0，0）点绘制一个φ5圆，用变换命令将φ5圆转换为31个，布局如图4-28所示。

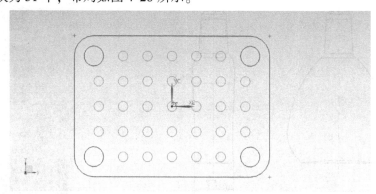

图4-28 漏水孔布局

（2）修剪漏水孔 按照图4-29所示步骤进行操作，具体说明见表4-13。

表4-13 修剪漏水孔

序号	操 作 说 明	序号	操 作 说 明
1	在"特征"工具条中单击"修剪片体"命令,弹出"修剪片体"对话框	4、5	选取31个小圆作边界
2、3	选取底面	6、7	单击"确定",出现修剪后的漏水孔

5. 片体加厚

参看图4-15将整个物料盒加厚1mm。

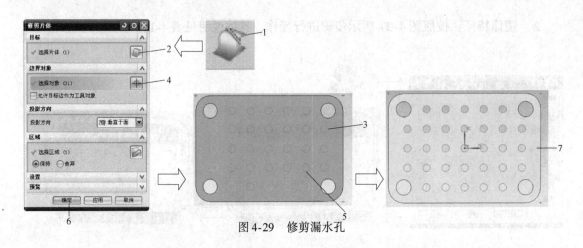

图4-29　修剪漏水孔

任务3　创建药水瓶

学习目标

1. 掌握通过曲线组创建曲面命令的操作过程及应用方法。
2. 掌握椭圆绘制命令的应用方法。
3. 理解边倒圆命令，并会进行操作。

任务描述

创建图4-30所示的药水瓶，图4-31所示为药水瓶立体图。

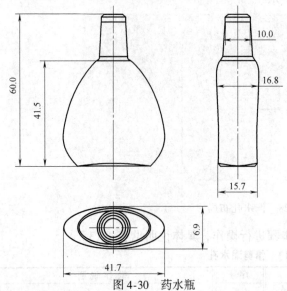

图4-30　药水瓶

图4-31　药水瓶立体图

相关知识

1. 通过曲线组

通过曲线组命令可以通过同一方向上的一组曲线轮廓线创建曲面（当轮廓线封闭时，

生成的则为实体）。曲线截面线称为轮廓曲线，截面线串可以由单个对象或多个对象组成，每个对象可以是曲线、实体边等。

在曲面工具条中单击"通过曲线组"图标 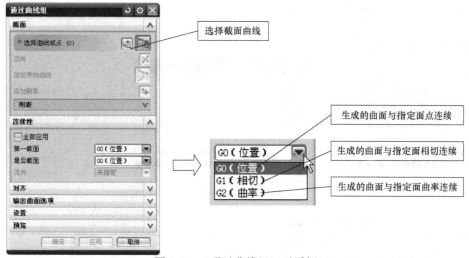，打开图4-32所示的"通过曲线组"对话框。

图4-32　"通过曲线组"对话框

2. 边倒圆

对面之间的锐边进行倒圆，半径可以是常数或变量。边倒圆可以使至少由两个面共享的选定边缘变光滑。倒圆时就像沿着被倒圆角的边滚动一个球，同时使球始终在此边缘处相交的各个面接触。

在"特征"工具条中单击"边倒圆"图标 ，打开图4-33所示的"边倒圆"对话框。

图4-33　"边倒圆"对话框

任务实施

1. 通过曲线组创建瓶体

（1）创建直径为12的圆　利用"基本曲线"命令创建直径为12的圆，圆心坐标为

（0，0，0）。

（2）创建椭圆　按照图 4-34 所示步骤进行操作，具体说明见表 4-14。

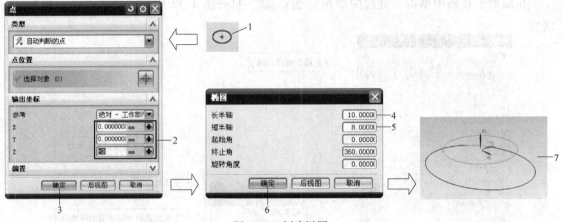

图 4-34　创建椭圆

表 4-14　创建椭圆

序号	操 作 说 明
1	单击"曲线"工具条上的"椭圆"选项，弹出"点"对话框
2、3	设定椭圆坐标,并单击"确定"
4、5	分别输入长半轴和短半轴数值
6、7	单击"确定",出现椭圆

（3）创建椭圆曲线组　根据图 4-34 所示创建椭圆的步骤依次创建长半轴为 20、短半轴为 8、坐标为（0，0，-22），长半轴为 15、短半轴为 8，坐标为（0，0，-42）的椭圆。结果如图 4-35 所示。

（4）通过曲线组创建曲面　按照如图 4-36 所示步骤进行操作，具体说明见表 4-15。

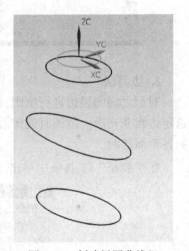

图 4-35　创建椭圆曲线组

表 4-15　创建曲面瓶体

序号	操 作 说 明	序号	操 作 说 明
1	选择"插入/曲面/通过曲线组"命令,弹出"通过曲线组"对话框	2~5	选取曲线
		6、7	单击"确定",出现曲面瓶体

温馨提示

图 4-36 中步骤 3、4、5，每选择一条曲线后需要单击一下鼠标中键，且按顺序直至全部选择完毕，否则不能产生光滑连接的曲面。

2. 创建瓶颈

（1）绘制轮廓线　根据坐标（5，0，18）、（5，0，15）、（6，0，0）绘制图 4-37 所示曲线。

（2）回转曲线　以 ZC 为中心线，以图 4-37 所示的曲线为截面线，利用"回转"命令创建瓶颈曲面，如图 4-38 所示。

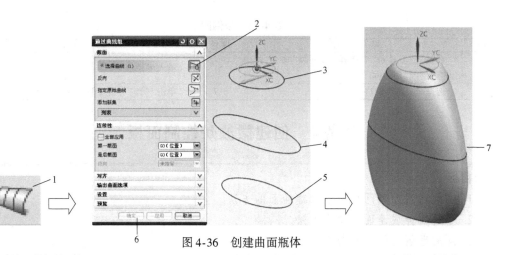

图 4-36 创建曲面瓶体

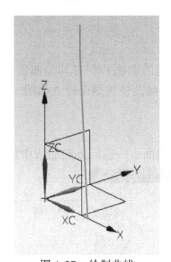

图 4-37 绘制曲线

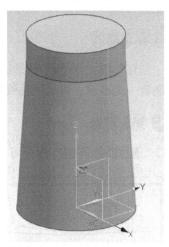

图 4-38 创建瓶颈曲面

3. 边倒圆

按照图 4-39 所示步骤进行操作，具体说明见表 4-16。

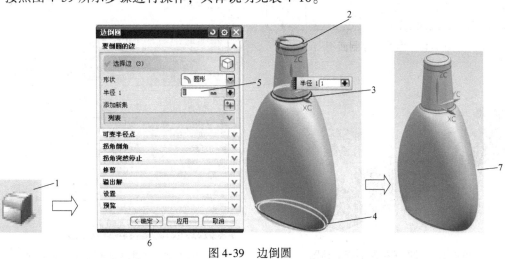

图 4-39 边倒圆

表 4-16　边倒圆

序号	操 作 说 明	序号	操 作 说 明
1	在"特征工具条"中选择"边倒圆"命令，弹出"边倒圆"对话框	5	输入半径值
2～4	选择需要倒圆的边	6、7	单击"确定"，出现倒圆后的效果

任务4　创建微波炉控制面板

学习目标

　　1. 掌握通过曲线网格命令创建曲面的方法。

　　2. 了解拉伸成曲面的操作方法。

　　3. 深刻理解空间三维曲线的绘制方法。

任务描述

　　创建如图 4-40 所示的微波炉控制面板。该面板上部有不规则的曲面，相对其他曲面的绘制有一定难度，可采用曲线网格命令形成曲面。图 4-41 所示为微波炉控制面板立体图。

相关知识

　　"通过曲线网格"命令可以运用不同方向的两组曲线串创建曲面。一组同方向的线串定

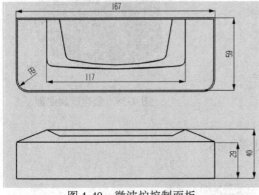

图 4-40　微波炉控制面板

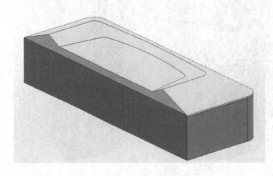

图 4-41　微波炉控制面板立体图

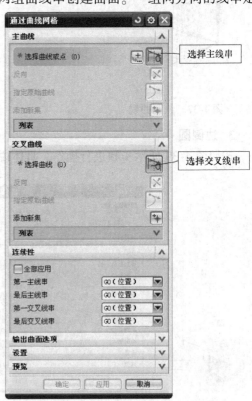

图 4-42　"通过曲线网格"对话框

义为主曲线，另一组和主线串不在同一平面的线串定义为交叉线串，定义的主线串和交叉线串必须在设定的公差范围内相交。这种创建曲面的方法定义了两个方向的控制曲线，可以很好地控制曲面的形状，因此也是最常用的创建曲面的方法之一。

在"曲面"工具条中单击"通过曲线网格"的图标，打开图4-42所示的"通过曲线网格"对话框。

任务实施

1. 创建片体

（1）创建轮廓草图1，并拉伸为片体　按照图4-43所示步骤进行操作，具体说明见表4-17。

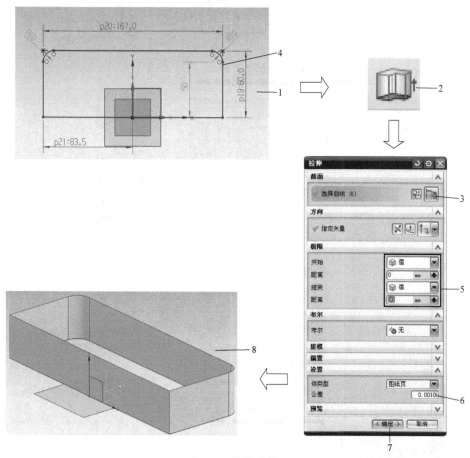

图4-43　拉伸片体1

表4-17　拉伸片体1

序号	操 作 说 明	序号	操 作 说 明
1	创建草图	3～6	选取曲线，并设置参数
2	在"特征"工具条中单击"拉伸"命令	7、8	单击"确定"，出现拉伸后的图形

（2）创建基准平面，绘制草图2　按照图4-44所示步骤进行操作，具体说明见表4-18。

表4-18　绘制草图2

序号	操 作 说 明	序号	操 作 说 明
1	单击"基准平面"，弹出"基准平面"对话框	7	选取刚创建的基准平面，创建草图
2～6	"按某一距离"确定创建的基准平面位置，并单击"确定"	8	创建完成的草图2

（3）创建基准平面，绘制草图3　按照图4-45所示步骤进行操作，具体说明见表4-19。

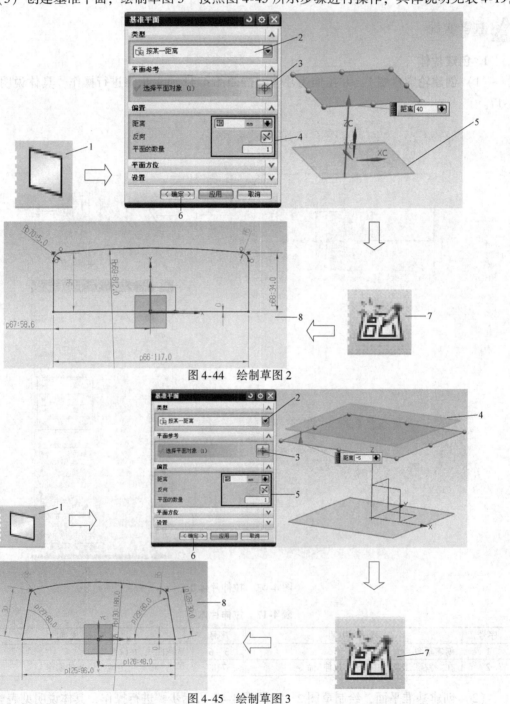

图4-44　绘制草图2

图4-45　绘制草图3

表 4-19 绘制草图 3

序号	操 作 说 明	序号	操 作 说 明
1	单击"基准平面",弹出"基准平面"对话框	7	选取刚创建的基准平面,创建草图
2~6	"按某一距离"确定创建的基准平面位置,并单击"确定"	8	创建完成的草图 3

2. 创建网格曲面

（1）创建直线特征　显示隐藏的片体，打开"插入"下拉菜单中的"曲线"选项，选择"直线"命令，为图 4-46 所示图形建立直线特征，如图 4-47 所示。

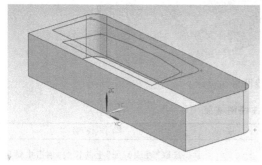

图 4-46　已建立好的图形

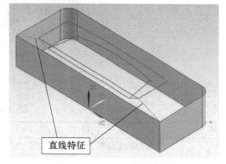

图 4-47　创建直线特征

（2）创建曲线网格面　按照图 4-48 所示步骤进行操作，具体说明见表 4-20。

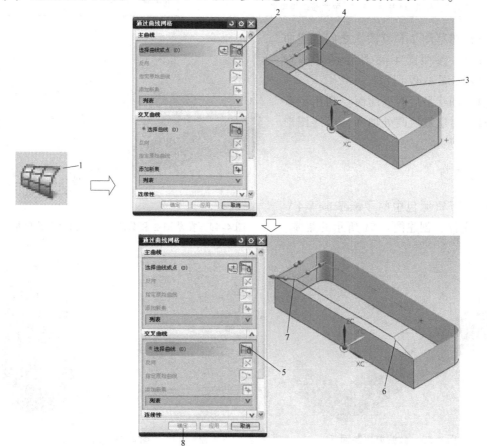

图 4-48　创建曲线网格面

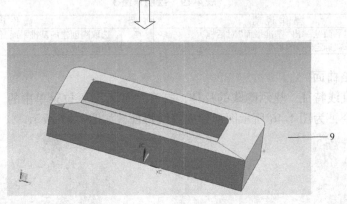

图 4-48　创建曲线网格面（续）

表 4-20　创建曲线网格面

序号	操 作 说 明	序号	操 作 说 明
1	单击"通过曲线网格"图标,弹出"通过曲线网格"对话框	5～9	选取"直线特征"上的长线,单击中键确定,选取"直线特征"另外一端长线,单击中键确定,交叉曲线选择完毕。单击"确定",得到曲面网格面
2～4	选取"草图1片体"上的边缘线,单击中键确定,选取"草图2"上的曲线,单击中键确定,选择"相切曲线"模式,单击中键确定,主曲线选择完毕		

（3）在草图 2 和草图 3 之间创建曲线网格面　参照图 4-48 所示的步骤操作，结果如图 4-49 所示。

（4）创建最后两处曲面　利用"有界平面"创建最后两处曲面，最终图形如图 4-50 所示。

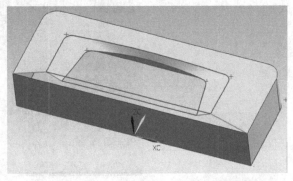

图 4-49　在草图 2 和草图 3 之间创建曲线网格

练习题

1. 打开资源包中的"exercise \ 4 \ pingti"文件，创建图 4-51 所示的瓶体。

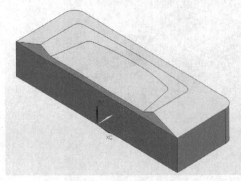

图 4-50　微波炉控制面板

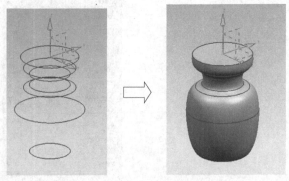

图 4-51　瓶体

2. 打开资源包中的"exercise \ 4 \ qumian"文件，创建图 4-52 所示的曲面。

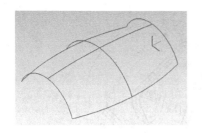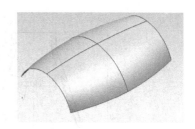

图 4-52 曲面

3. 创建图 4-53 所示的 "tianyuandifang" 零件。

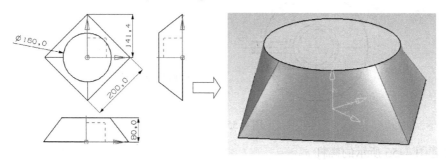

图 4-53 "tianyuandifang" 零件

4. 创建图 4-54 所示的容器。

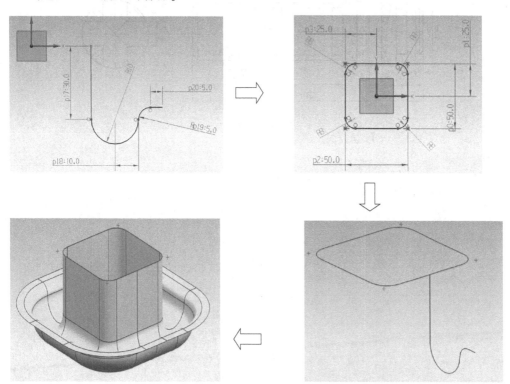

图 4-54 容器

5. 创建图 4-55 所示的茶壶。

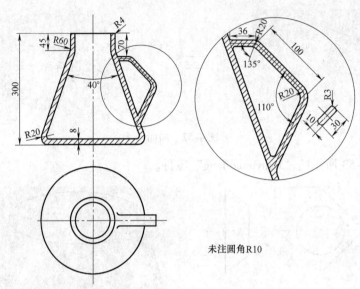

未注圆角R10

图 4-55　茶壶

6. 创建图 4-56 所示的螺杆。

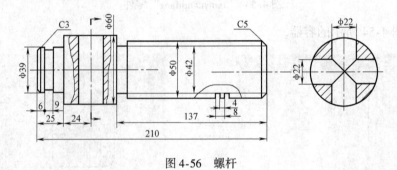

图 4-56　螺杆

单元5　装配体建模

5

UG NX 8.0 的装配是将组件通过组织、定位组成具有一定功能的产品模型的过程，装配操作不是将组件复制到装配体中去，而是在装配件中对组件进行引用。一个零件可以被多个装配引用，也可以被引用多次。当零件被修改时，装配部件也随之改变。通过 UG 软件，用户可以在计算机上进行"虚拟装配"，以及对装配过程中所有的问题进行分析处理，便于对组件修改和调整。

对于已存在的产品零件、标准件以及外购件，可通过这种自底向上的设计方法建立装配模型，本单元重点讲述这种装配方式。当然 UG 软件还提供了一种自顶向下设计的装配方式，可以根据已有部件进行产品关联设计，读者可以在对 UG 软件装配功能有了初步了解之后自行学习。

任务1　认 识 装 配

> **学习目标**
> 1. 了解 UG NX 8.0 装配的基本概念。
> 2. 熟悉装配的基本环境和常用工具。
> 3. 了解装配设计的方法。

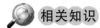 任务描述

添加组件，建立装配约束。

相关知识

启动 UG NX 8.0 之后，在"开始"下拉菜单中分别选中"装配"，将会弹出图 5-1 所示的"装配"工具条，即可在建模状态下对产品进行装配。

1. UG NX 装配术语

（1）装配　表示一个产品的组件和子装配体的构成的集合，在 UG NX

图 5-1　"装配"工具条

中允许向一个 part 文件添加组件构成装配，因此任何 part 文件都可以作为装配文件。

（2）零件文件与装配文件　零件文件就是某单个零件在建模设计时所形成的文件。装配文件是指由多个零件文件所构成，在装配文件中所引用的是零件文件中的零件模型，零件的实际几何数据仍然存在于零件文件中，仅仅是一个装配过程的仿真。

（3）子装配　子装配是在高一级装配中被作为一个虚拟的零件来使用，它有自己的组件，由其他低级组件所组成。

（4）组件　组件是装配中所引用的部件，可以是单个零件，也可以是一个子装配体。

（5）组件部件　在装配中一个部件可能在许多地方作为组件被引用，含有组件实际几何体对象的文件称为组件部件。

（6）自顶向下建模　这种装配建模方法是目前最为流行的设计方法之一，通过装配对组件进行创建、设计和编辑，在装配中的所有修改都会反映到组件文件中，UG NX 是针对系统级、产品级来进行的 PDM 软件，自顶向下建模最能够反映这种思想，首先设计产品，然后根据产品设计零件。

（7）自底向上装配　首先设计单个零件，然后将这些零件添加到装配体中去。

（8）显示部件　将装配体中的某个部件在当前图形窗口中显示，其他部件都变为灰色，不可选择和编辑。

（9）工作部件　工作部件是可以对几何体进行创建、编辑的部件。

（10）上下文设计　装配体中的任何部件都可以作为工作部件，在工作部件中可以添加或删除几何体，也可对其参数进行修改，工作部件以外的几何体可以作为建模操作的参考，这种直接修改装配中所显示部件的功能称为上下文设计。

（11）配对条件　配对条件是在装配过程中，确定某个零件位置的约束条件。

（12）引用集　引用集为控制或自定义零件在装配文件中的显示而产生的一个集合操作，类似于零件设计中的图层。

2. UG NX 装配的主要特点

1）组件几何体被虚拟指向装配件，而不是复制到装配件。

2）利用自顶向下（Top-Down）或从底向上（Bottom-Up）方法建立装配。

3）多个零件可以同时被打开和编辑。

4）组件几何体可以在装配的上下文范围中建立和编辑。

5）相关性被维护在全装配中，而不管编辑是在何处和怎样做的。

6）一个装配的图形可以被简化，而不必编辑下属几何体。

7）装配件自动更新反映引用部件的最后版本。

8）配对条件通过规定在组件间的约束关系定位组件。

9）装配导航器提供装配结构的图形显示。

3. 装配预设置

装配预设置可以在装配之前，预先定义某些参数，以便于加快装配操作，减少重复设定参数的麻烦。选择菜单"首选项/装配"选项，如图 5-2 所示，将会弹出如图 5-3 所示的"装配首选项"对话框。

部分对话框选项的含义。

（1）强调　选中该选项时，工作部件与非工作部件将用颜色明显区分开来。

（2）自动更改时警告　当组件自动改变关系时，系统会发出警告提示，询问是否同意

图5-2 "装配"选项

图5-3 "装配首选项"对话框

改变。

（3）检查较新的模板部件版本 选择该选项，系统会自动检查模板部件中的组件是否是最新的组件。

（4）显示更新报告 在组件更新时显示更新报告。

任务实施

首先建立一个文件作为装配文件，然后建立与已存在的各组件之间的引用关系和相对位置关系。

1. 添加组件

添加组件就是建立装配体与零件集合体之间的引用关系，将已设计好的几何组件添加到装配体中。

选择菜单"装配/组件/添加组件"或单击"装配"工具条上的"添加现有组件"按钮，将会弹出图5-4所示的"添加组件"对话框，所需文件如果已经打开，可以在"选择部件"对话框中"已加载的部件"下的列表框内选择，如果是最近访问过的文件，可以在"最近访问的部件"下的列表框内选择，否则可单击"打开"后的按钮，查找所需要的零件文件，如图5-5所示，选择文件后将会弹出"组件预览"对话框，如图5-6所示，选择某种放置方式，单击"确定"按钮，即可完成组件的添加。

"添加组件"对话框中选项说明如下：

（1）定位 引用零件的几何体在装配体中的位置，有"绝对原点"、"选择原点"、"通过约束"和"移动"四种方式，如图5-7所示。

图5-4 "添加组件"
对话框

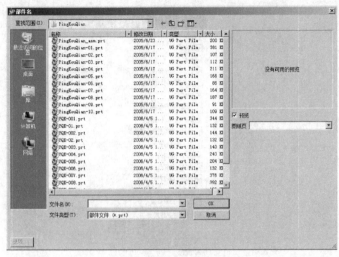

图 5-5　查找添加的组件

图 5-6　"组件预览"对话框

1）绝对原点：将零件的设计坐标系与装配体的装配坐标系重合，然后利用"配对组件"将其装配到装配体上。

2）选择原点：选择此项，单击"确定"按钮，将会弹出"点"对话框，利用点构造器选择装配体中的一个点作为引用组件的放置点，组件的坐标系与装配坐标系平行，然后利用"配对组件"将其装配到装配体上。

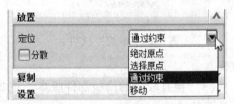

图 5-7　定位选项

3）通过约束：为添加的零件添加定位约束来确定零件在装配体中的位置，即先定位再装配。

4）移动：选择此项，单击"确定"按钮，将会弹出"点"对话框，利用点构造器选择装配体中的一个点作为引用组件的放置点，单击"确定"后将会弹出"重定位组件"对话框，对装配的组件进行位置的调整，然后利用"配对组件"将其装配到装配体上。

(2) 图层选项　指定添加的部件图层，有"工作层"、"原先的"和"按指定的"三种，如图 5-8 所示。

1）工作：将零件添加到当前的工作层。

2）原始的：将零件添加到仍为原零件所创建的图层，如原零件在第 10 层，添加后该零件将被放置在装配文件的第 10 层。

3）按指定的：将添加的零件放在指定图层。

(3) 复制选项　将添加的组件进行阵列，参见组件阵列。复制选项如图 5-9 所示。

图 5-8　图层选项

图 5-9　复制选项

(4) 引用集　选择所添加部件的引用集，参见本单元后面的引用集。引用集选项如图 5-10 所示。

2. 装配约束

添加组件过程中，如果"定位"方式选择的是"通过约束"，单击"确定"后，就会弹出"装配约束"对话框，如图 5-11 所示，可以给已添加的组件一个确切的位置，以及与其他组件的相对关系。单击"装配"工具条上的"装配约束"按钮，也会弹出"装配约束"对话框。装配约束的常用类型如下：

图 5-10　引用集选项

（1）接触　定位两个类型相同的配对对象，使它们相互贴合，对于平面对象，使用装配约束时，两平面共面但法线方向相反。对于柱面，要求相配对的组件直径相等，如果相等，可使两圆柱面贴合，对于圆锥面，首先判断其角度是否相等，如果相等，则对齐两组件的轴线。另外，也可以是边或直线。

（2）对齐　定义两个平面对象位于同一平面内，其法线方向相同。对于轴对称对象，其轴线重合。

（3）同心　定义两圆柱面或圆锥面的轴线共线。

（4）距离　定义两对象之间最短的三维距离，距离可以是正值，也可以是负值，距离的正负确定对象在指定对象的哪一侧。

图 5-11　"装配约束"对话框

（5）平行　定义两对象的方向矢量平行。

（6）垂直　定义两对象的方向矢量垂直。

（7）贴合　定义两对象彼此相切。

（8）中心　定义两对象的中心，使其中心对齐。中心约束有 4 种形式，包括 1 至 1、1 至 2、2 至 1 和 2 至 2。

1）1 至 1：将需要添加定位约束的组件一个对象的中心线定位到装配体中一个对象的中心线上，两对象都必须是圆柱或轴对称实体，如销的中心对孔的中心重合。

2）1 至 2：将需要添加定位约束的组件一个对象的中心线定位到装配体中两个对象的中心线上。

3）2 至 1：将需要添加定位约束的组件两个对象的对称中心线定位到装配体中一个对象的中心线上。

4）2 至 2：将需要添加定位约束的组件两个对象与装配体中两个对象成对称布置。

（9）角度　定义两对象之间的夹角，角度约束可以用在两个具有方向矢量的对象上，其角度值为两对象的方向矢量夹角。

> **温馨提示**：在进行约束时，两对象分为装配件和被装配件，选择对象时先选的为"被装配件"，后选的为"装配件"，在进行多个约束时，选择顺序不能变。

3. 组件阵列

当装配模型中存在一些按照一定规律分布的相同组件时，可先添加一个组件，然后通过"组件阵列"添加其他组件。

选择"装配/组件/创建组件阵列"，将会弹出"类选择"过滤器，如图 5-12 所示，选择需要阵列的组件后，单击"类选择"上的"确定"按钮，打开图 5-13 所示的"创建组件阵列"对话框，可以为阵列取个名字，系统默认为阵列对象的文件名，阵列有 3 种方式。

图 5-12　"类选择"过滤器

图 5-13　"创建组件阵列"对话框

（1）从实例特征阵列　该方式根据特征引用集创建阵列，阵列组件根据与其配对的特征的引用集来创建阵列，并自动与之配对。图 5-14 所示为利用"从实例特征"方式对螺钉进行阵列的一个实例。

（2）线性阵列　该方式是根据指定的方向和参数创建组件的一种方式，在"创建组件阵列"对话框中选择"线性"单选按钮后单击"确定"按钮，就会弹出图 5-15 所示的"创建线性阵列"对话框，在"方向定义"选项中选择方向定义方式，然后指定 X 和 Y 方向，最后根据要求设置 X 和 Y 方向的阵列数目和偏置距离，单击"确定"按钮即可创建线性阵列。

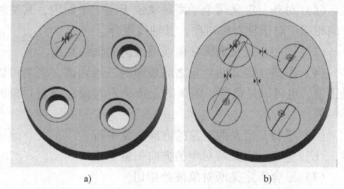

图 5-14　从实例特征阵列

a）阵列前　b）阵列后

（3）圆周阵列　该方式根据指定的阵列轴线创建环形阵列，在"创建组件阵列"对话框中选择"圆的"单选按钮后单击"确定"按钮，就会弹出图 5-16 所示的"创建圆形阵列"对话框，在"轴定义"选项中选择轴线定义方式，然后选择相应的对象作为圆周阵列的轴线，最后设置阵列的总数和角度，单击"确定"按钮即可完成圆周阵列。

图 5-15　"创建线性阵列"对话框

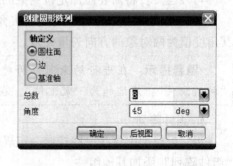

图 5-16　"创建圆形阵列"对话框

4. 装配导航器

装配导航器在导航器窗口中，当进行装配时会显示在导航器的上端，以树状结构显示组件的装配结构，每个组件为一个显示节点。装配导航器提供了一些快捷的装配编辑功能，如改变工作部件、改变显示部件、显示/隐藏组件、替换引用集、删除组件和重定位组件等。

在资源导航器窗口，单击"装配导航器"按钮，弹出图 5-17 所示的装配导航器图，在节点组件上单击鼠标右键可通过弹出的快捷菜单对该组件进行操作，如图 5-18 所示，也可在导航器的空白处单击鼠标右键，对装配树进行操作，如图 5-19 所示。

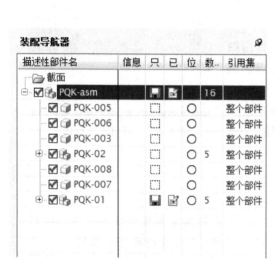

图 5-17　装配导航器图

图 5-18　组件操作菜单

图 5-19　装配导航器
操作菜单

导航器中的图标说明如下：

（1）装配件或子装配件图标 如果图标为"黄色"，表示该装配件在工作部件内；如果图标为"灰色"，并有"黑色"实线框，表示该装配件不在工作部件内；如果图标为"灰色"，并有虚线框，表示该装配件被关闭。

（2）组件图标 如果图标为"黄色"，表示该组件在工作部件内；如果图标为"灰色"，并有"黑色"实线框，表示该组件不在工作部件内；如果图标为"灰色"，并有虚线框，表示该组件被关闭。

（3）展开图标 单击可展开该装配体或子装配体的装配树。

（4）隐藏图标 单击可将装配体或某子装配体的装配树隐藏起来。

（5）显示图标 。如果图标中的"√"为"红色"，表示该组件被显示，单击后，"√"变为"灰色"，该组件被隐藏。

温馨提示：在装配导航器的装配树上，上一级装配体被称为其下一级的"父部件"，下一级被称为上一级的"子部件"。

5. 引用集

引用集是对一个组件文件中特征的集合，在装配建模时必须按照企业 CAD 标准建立引用集，利用引用集有很多优点。

1）在装配中简化某些组件的显示。在装配中引用的是组件的实体特征，而对于创建零件过程中一些草图的基准特征，如果对于装配体没有作用，可以利用引用集，将这些与装配无关的特征留在零件中，让装配"轻装上阵"。

2）在装配操作中，可以根据不同的操作建立不同的引用集，提高装配效率。

在组件文件中，选择"格式/引用集"，将会弹出图5-20 所示的"引用集"对话框。在此对话框中可以创建引用集。

在装配文件中的装配导航器上，在组件上面单击鼠标右键，在弹出的快捷菜单上选择"替换引用集"，选择引用集名，即可完成操作。

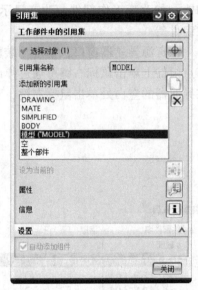

图 5-20 "引用集"对话框

温馨提示：

1. 在组件中创建引用集，在装配体中使用引用集。

2. "模型（BODY）"、"空"和"整个部件"三个引用集是系统创建的，不可编辑。一个组件可以创建多个引用集，这些引用集名称不能相同，但包含特征可以相同。

任务 2　装配平口钳

学习目标

1. 掌握装配的操作方法和操作过程。

2. 掌握装配约束的应用方法。

任务描述

创建图 5-21 所示的平口钳装配图，以此为例说明自底向上装配过程。将资源包中的"task \ 5"文件夹复制到硬盘上某个位置，本例中为 D 盘。

任务实施

1. 建立一个新部件文件

在"D：\ task \ 5"文件夹中建立新的部件文件"pkq_asm. prt"，并进入装配模块：按照图 5-22 所示步骤进行操作，具体说明见表 5-1。

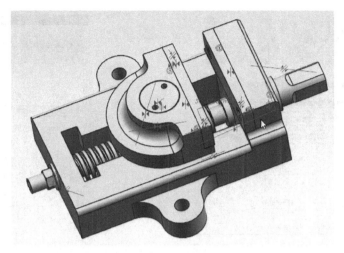

图 5-21 平口钳装配图

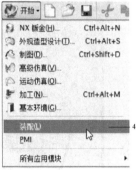

图 5-22 新建装配文件

表 5-1 新建装配文件

序号	操 作 说 明	序号	操 作 说 明
1	单击"文件",再单击"文件"下拉菜单中的"新建"	3	单击"确定"
2	在"新建"对话框中设置文件位置和输入文件名	4	单击"开始",再单击"开始"下拉菜单中的"装配",进入装配模块

2. 添加底座到装配模型

按照图 5-23 所示步骤进行操作,具体说明见表 5-2。

表 5-2 添加底座

序号	操 作 说 明	序号	操 作 说 明
1	单击"装配"工具条上的"添加组件"按钮	6	弹出"组件预览"对话框
2	弹出"添加组件"对话框	7	"添加组件"对话框的放置定位方式选择"绝对原点"
3	单击"添加组件"对话框里的"打开"按钮	8	单击"添加组件"对话框下方的"应用"按钮
4	在"部件名"对话框中选择"底座"文件"PKQ-001.prt"	9	完成底座添加
5	单击"部件名"对话框下方的"OK"按钮		

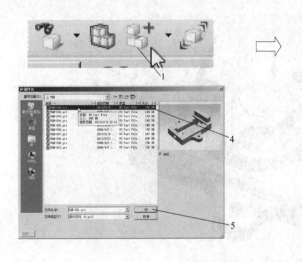

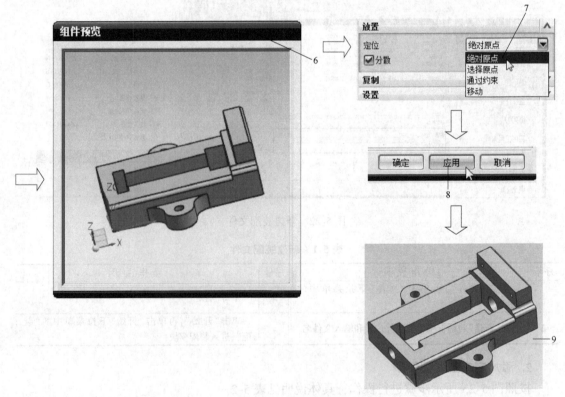

图 5-23　添加底座

3. 添加钳口板到装配模型

在"添加组件"对话框中单击"打开"按钮，在"部件名"对话框中选择钳口板文件"PKQ-002. prt"文件（操作步骤与表 5-2 中的 1 ~ 5 类似），接下来按照如图 5-24 所示步骤进行操作，具体说明见表 5-3。

表 5-3　添加钳口板

序号	操作说明	序号	操作说明
1	弹出"组件预览"对话框	10	"装配约束"对话框中的类型选择"同心"
2	"添加组件"对话框的放置定位方式选择"通过约束"	11	选择图示边
3	单击"添加组件"对话框下方的"应用"按钮	12	选择图示边
4	弹出"装配约束"对话框	13	单击"添加组件"对话框下方的"应用"按钮
5	在"装配约束"对话框中的类型选择"接触对齐"	14	选择图示平面
6	方位选择"接触"	15	选择图示平面
7	选择图示平面	16	单击"装配约束"对话框下方的"应用"按钮
8	选择图示平面	17	单击"装配约束"对话框下方的"确定"按钮
9	单击"装配约束"对话框下方的"应用"按钮	18	完成添加钳口板

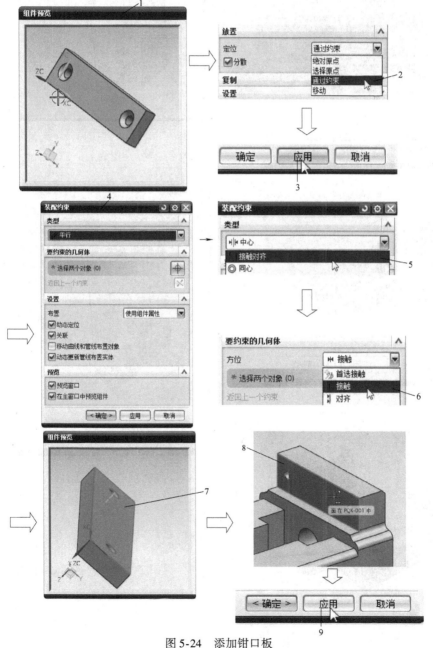

图 5-24　添加钳口板

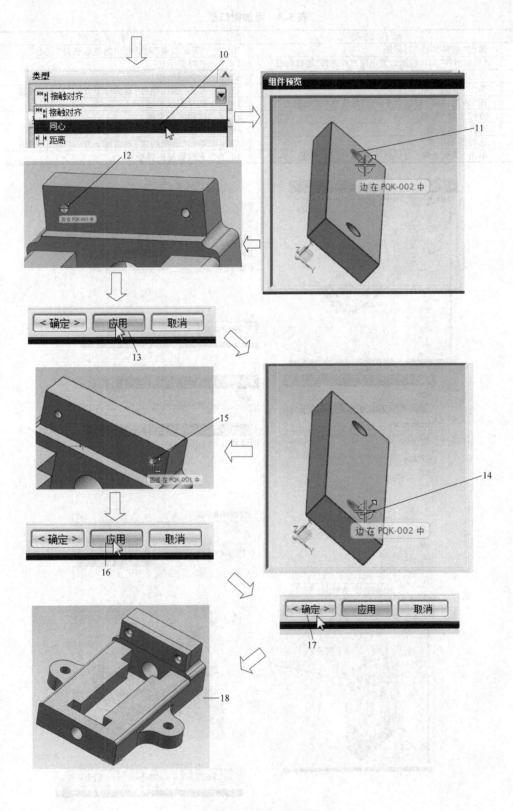

图 5-24 添加钳口板（续）

4. 添加螺钉

在"添加组件"对话框中单击"打开"按钮，在"部件名"对话框中选择螺钉文件"PKQ-010. prt"文件（操作步骤与表 5-2 中的 1～5 类似），然后在"添加组件"对话框中选择放置方式为"通过约束"，单击"应用"按钮（操作步骤与图 5-24 所示中的 2～3 相同），接下来按照如图 5-25 所示步骤进行操作，具体说明见表 5-4。

表 5-4　添加螺钉

序号	操 作 说 明	序号	操 作 说 明
1	弹出"组件预览"对话框	8	按照图示选择子类型和轴向几何体
2	"装配约束"对话框中的类型选择"接触对齐"	9	选择图示中心线
3	方位选择"接触"	10	选择图示中心线
4	选择图示锥面	11	选择图示中心线
5	选择图示锥面	12	单击"装配约束"对话框下方的"应用"按钮
6	单击"装配约束"对话框下方的"应用"按钮	13	单击"装配约束"对话框下方的"确定"按钮
7	在"装配约束"对话框中的类型选择"中心"	14	完成添加螺钉

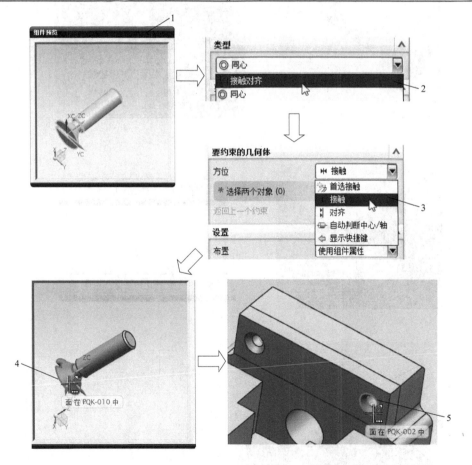

图 5-25　添加螺钉

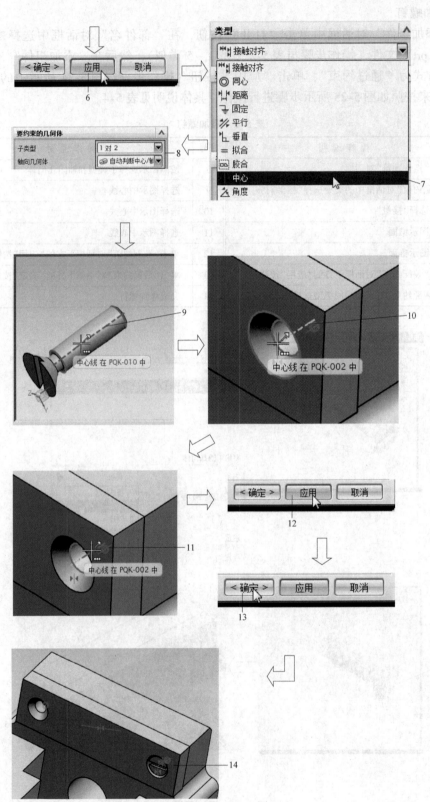

图 5-25　添加螺钉（续）

5. 添加另一颗螺钉

按照图 5-25 所示步骤将螺钉装配至钳口板的另一孔中，具体说明见表 5-4。装配结果如图 5-26 所示。

6. 添加活动钳口

在"添加组件"对话框中单击"打开"按

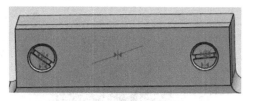

图 5-26 添加另一颗螺钉

钮，在"部件名"对话框中选择螺钉文件"PKQ-004. prt"文件（操作步骤与表 5-2 中的 1～5 类似），然后在"添加组件"对话框中选择放置方式为"通过约束"，单击"应用"按钮（操作步骤与图 5-24 中的 2～3 相同），接下来按照图 5-27 所示步骤进行操作，具体说明见表 5-5。

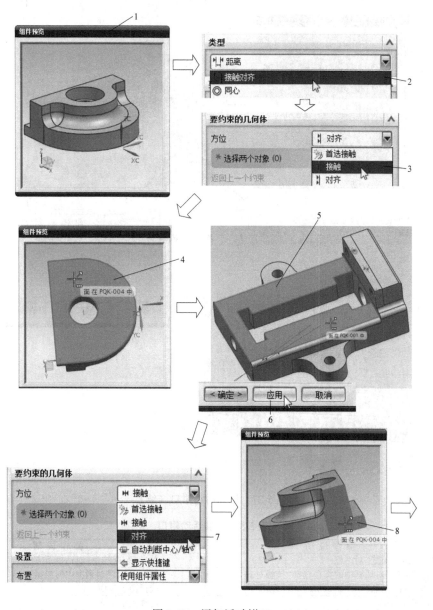

图 5-27 添加活动钳口

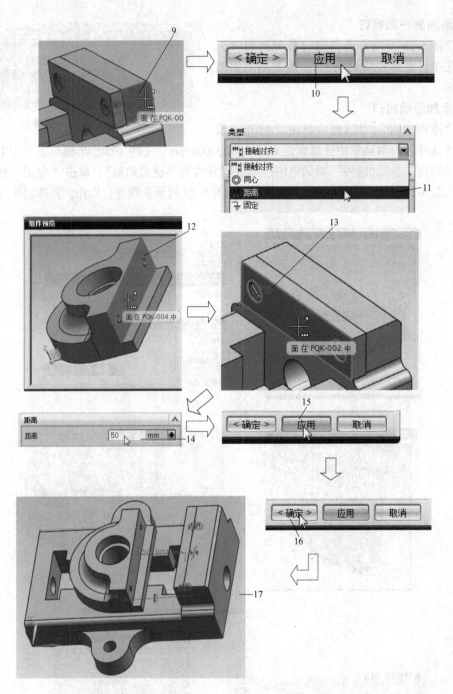

图 5-27　添加活动钳口（续）

表 5-5　添加活动钳口

序号	操作说明	序号	操作说明
1	弹出"组件预览"对话框	6	单击"装配约束"对话框下方的"应用"按钮
2	"装配约束"对话框中的类型选择"接触对齐"	7	"装配约束"对话框中的类型选择"对齐"
3	方位选择"接触"	8	选择图示平面
4	选择图示平面	9	选择图示平面
5	选择图示平面	10	单击"装配约束"对话框下方的"应用"按钮

（续）

序号	操作说明	序号	操作说明
11	"装配约束"对话框中的类型选择"距离"	15	单击"装配约束"对话框下方的"应用"按钮
12	选择图示平面	16	单击"装配约束"对话框下方的"确定"按钮
13	选择图示平面	17	完成添加活动钳口
14	距离文本框中输入50		

7. 添加活动钳口上的钳口板和螺钉

按照图5-24和图5-25所示步骤进行操作，在此不再一一介绍。装配结果如图5-28所示。

8. 添加方块螺母

在"添加组件"对话框中单击"打开"按钮，在"部件名"对话框中选择螺钉文件"PKQ-008.prt"文件（操作步骤与表5-2中的1~5类似），然后在"添加组件"对话框中选择放置方式

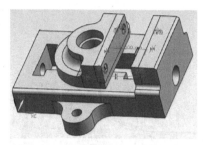

图5-28 添加活动钳口上的钳口板和螺钉

为"通过约束"，单击"应用"按钮（操作步骤与图5-24中的2~3相同），接下来按照图5-29所示步骤进行操作，具体说明见表5-6。

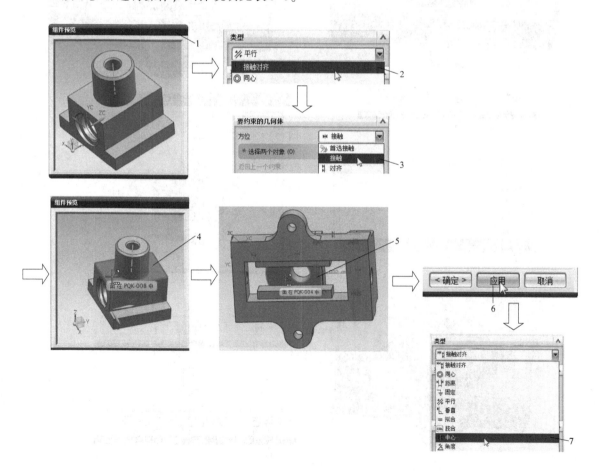

图5-29 添加方块螺母

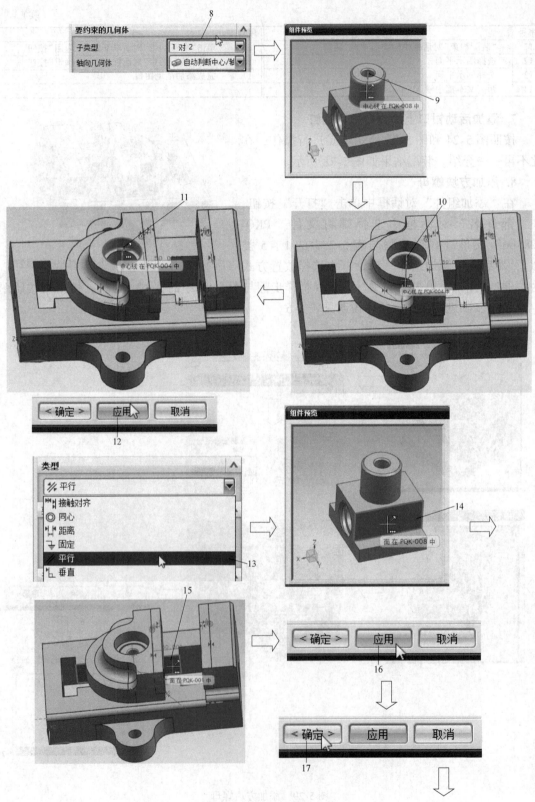

图 5-29　添加方块螺母（续）

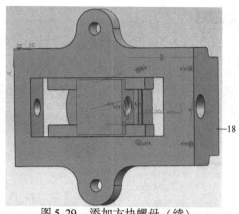

图 5-29 添加方块螺母（续）

表 5-6 添加方块螺母

序号	操 作 说 明	序号	操 作 说 明
1	弹出"组件预览"对话框	10	选择图示中心线
2	"装配约束"对话框中的类型选择"接触对齐"	11	选择图示中心线
3	方位选择"接触"	12	单击"装配约束"对话框下方的"应用"按钮
4	选择图示平面	13	"装配约束"对话框中的类型选择"平行"
5	选择图示平面	14	选择图示平面
6	单击"装配约束"对话框下方的"应用"按钮	15	选择图示平面
7	"装配约束"对话框中的类型选择"中心"	16	单击"装配约束"对话框下方的"应用"按钮
8	按照图示选择子类型和轴向几何体	17	单击"装配约束"对话框下方的"确定"按钮
9	选择图示中心线	18	完成添加方块螺母

9. 添加垫片（大孔端）

在"添加组件"对话框中单击"打开"按钮，在"部件名"对话框中选择垫片（大孔端）文件"PKQ-009. prt"（操作步骤与表 5-2 中的 1～5 类似），然后在"添加组件"对话框中选择放置方式为"通过约束"，单击"应用"按钮（操作步骤与图 5-24 中的 2～3 相同），接下来按照图 5-30 所示步骤进行操作，具体说明见表 5-7。

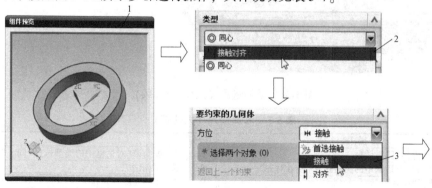

图 5-30 添加垫片（大孔端）

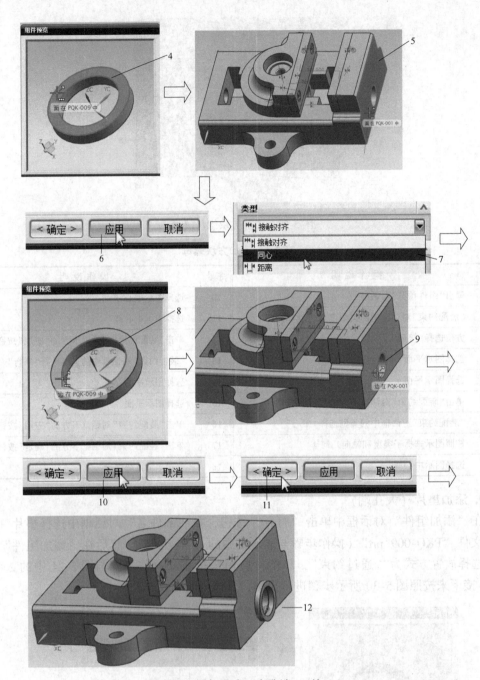

图 5-30　添加垫片（大孔端）（续）

表 5-7　添加垫片（大孔端）

序号	操作说明	序号	操作说明
1	弹出"组件预览"对话框	7	"装配约束"对话框中的类型选择"同心"
2	"装配约束"对话框中的类型选择"接触对齐"	8	选择图示边
3	方位选择"接触"	9	选择图示边
4	选择图示平面	10	单击"装配约束"对话框下方的"应用"按钮
5	选择图示平面	11	单击"装配约束"对话框下方的"确定"按钮
6	单击"装配约束"对话框下方的"应用"按钮	12	完成添加垫片（大孔端）

10. 添加螺杆

在"添加组件"对话框中单击"打开"按钮，在"部件名"对话框中选择螺杆文件"PKQ-007. prt"（操作步骤与表 5-2 中的 1 ~ 5 类似），然后在"添加组件"对话框中选择放置方式为"通过约束"，单击"应用"按钮（操作步骤与图 5-24 中的 2 ~ 3 相同），接下来按照如图 5-31 所示步骤进行操作，具体说明见表 5-8。

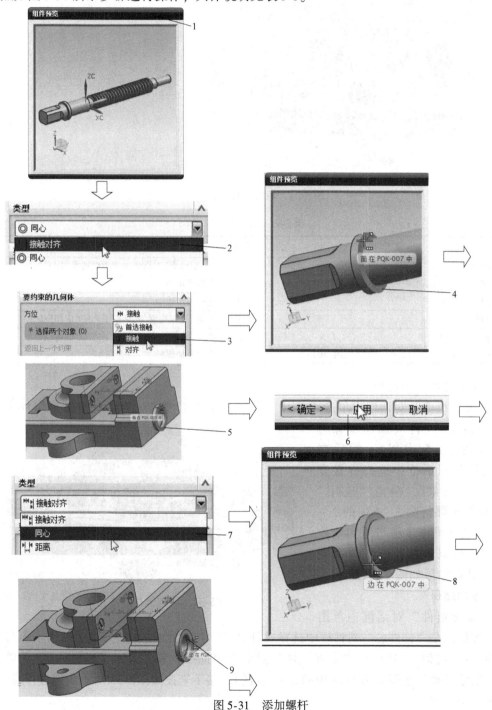

图 5-31 添加螺杆

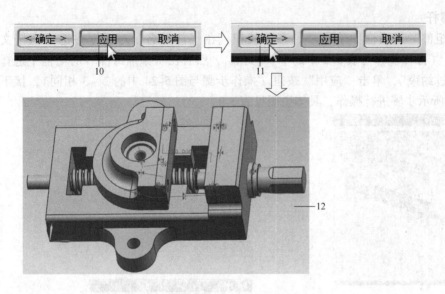

图 5-31 添加螺杆（续）

表 5-8   添加螺杆

序号	操作说明	序号	操作说明
1	弹出"组件预览"对话框	7	"装配约束"对话框中的类型选择"同心"
2	"装配约束"对话框中的类型选择"接触对齐"	8	选择图示边
3	方位选择"接触"	9	选择图示边
4	选择图示平面	10	单击"装配约束"对话框下方的"应用"按钮
5	选择图示平面	11	单击"装配约束"对话框下方的"确定"按钮
6	单击"装配约束"对话框下方的"应用"按钮	12	完成添加螺杆

11. 添加垫片（小孔端）

在"添加组件"对话框中单击"打开"按钮，在"部件名"对话框中选择螺杆文件"PKQ-006. prt"文件（操作步骤与表 5-2 中的 1～5 类似），然后在"添加组件"对话框中选择放置方式为"通过约束"，单击"应用"按钮（操作步骤与图 5-24 中的 2～3 相同），装配操作步骤与添加垫片（大孔端）类似，两者装配约束完全一致。装配结果如图 5-32 所示。

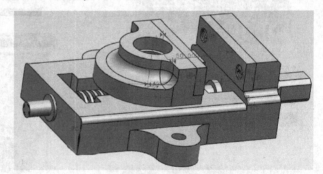

图 5-32   添加垫片（小孔端）

12. 添加螺母

在"添加组件"对话框中单击"打开"按钮，在"部件名"对话框中选择螺杆文件"PKQ-005. prt"文件（操作步骤与表 5-2 中的 1～5 类似），然后在"添加组件"对话框中选择放置方式为"通过约束"，单击"应用"按钮（操作步骤与图 5-24 中的 2～3 相同），接下来按照图 5-33 所示步骤进行操作，具体说明见表 5-9。

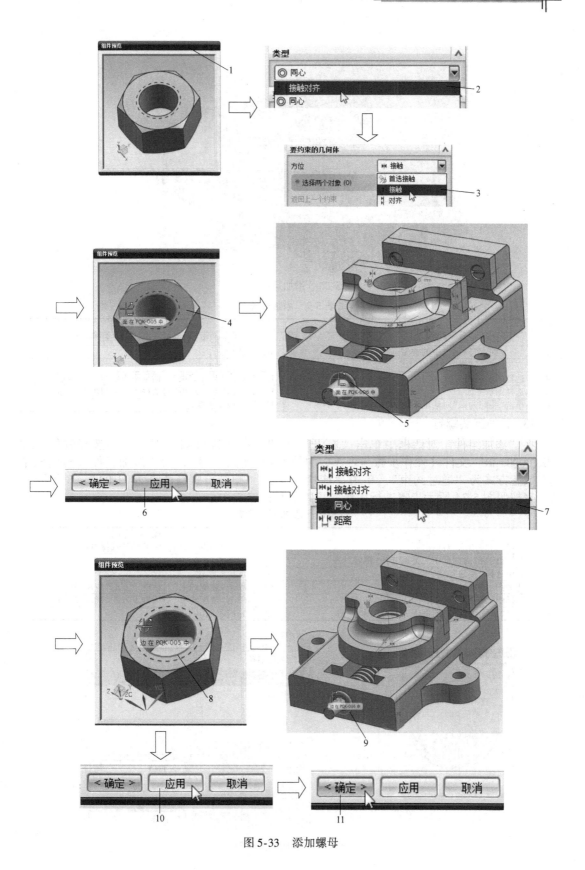

图 5-33　添加螺母

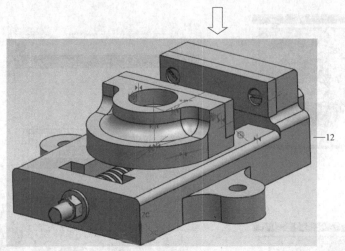

图 5-33　添加螺母（续）

表 5-9　添加螺母

序号	操作说明	序号	操作说明
1	弹出"组件预览"对话框	7	"装配约束"对话框中的类型选择"同心"
2	"装配约束"对话框中的类型选择"接触对齐"	8	选择图示边
3	方位选择"接触"	9	选择图示边
4	选择图示平面	10	单击"装配约束"对话框下方的"应用"按钮
5	选择图示平面	11	单击"装配约束"对话框下方的"确定"按钮
6	单击"装配约束"对话框下方的"应用"按钮	12	完成添加螺母

13. 添加沉头螺钉

在"添加组件"对话框中单击"打开"按钮，在"部件名"对话框中选择螺杆文件"PKQ-003. prt"文件（操作步骤与表 5-2 中的 1~5 类似），然后在"添加组件"对话框中选择放置方式为"通过约束"，单击"应用"按钮（操作步骤与图 5-24 中的 2~3 相同），接下来按照图 5-34 所示步骤进行操作，具体说明见表 5-10。

表 5-10　添加沉头螺钉

序号	操作说明	序号	操作说明
1	弹出"组件预览"对话框	7	"装配约束"对话框中的类型选择"同心"
2	"装配约束"对话框中的类型选择"接触对齐"	8	选择图示边
3	方位选择"接触"	9	选择图示边
4	选择图示平面	10	单击"装配约束"对话框下方的"应用"按钮
5	选择图示平面	11	单击"装配约束"对话框下方的"确定"按钮
6	单击"装配约束"对话框下方的"应用"按钮	12	完成添加沉头螺钉

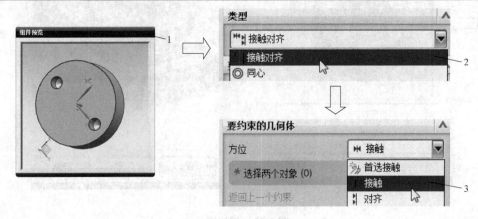

图 5-34　添加沉头螺钉

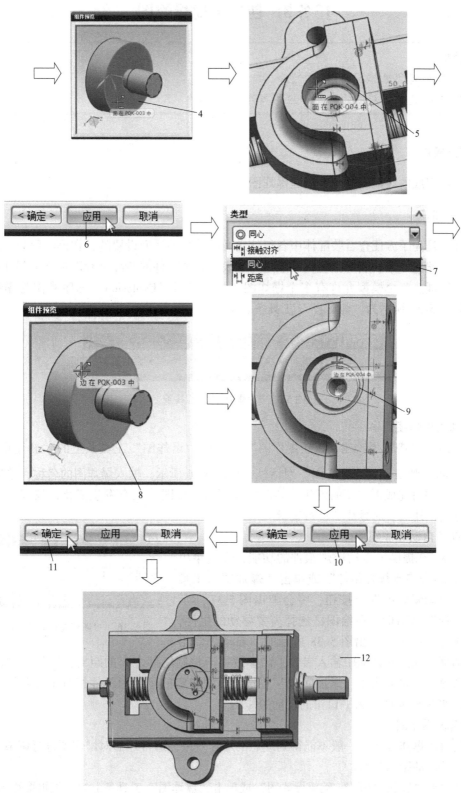

图 5-34 添加沉头螺钉（续）

任务3 创建装配爆炸图

学习目标
1. 掌握装配爆炸图的创建方法。
2. 掌握装配爆炸图的编辑和应用方法。

 任务描述

在已经完成的装配图基础上创建爆炸图。

 相关知识

爆炸图是为了方便查看装配体中各组件之间的装配关系而设置的，在该图形中，组件按照装配关系偏离原来的装配位置，一般是为了表现各个零件的装配过程以及整个部件或是机器的工作原理。一个模型允许有多个爆炸图，缺省使用"Explosion"加序号作为爆炸图的名称，如图5-35所示为"爆炸图"工具条。

图5-35 "爆炸图"工具条

1. 创建爆炸图

通过菜单"装配/爆炸图/新建爆炸图"或单击"爆炸图"工具条上的"新建爆炸图"按钮 ，将会弹出"新建爆炸图"对话框，如图5-36所示，输入爆炸图的名称，单击"确定"按钮，即可完成爆炸图的创建。创建爆炸图后，视图并没有发生变化，仅仅是创建了一个爆炸图，还需要对爆炸图进行编辑。

2. 创建自动爆炸组件

UG NX8.0提供了自动爆炸组件的功能，通过菜单"装配/爆炸图/自动爆炸组件"或单击"爆炸图"工具条上的"自动爆炸组件"按钮，将会弹出图5-37所示的"类选择"对话框，在绘图区选择需要移动的组件，单击"确定"按钮，弹出图5-38所示的"自动爆炸组

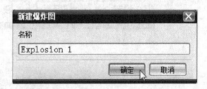

图5-36 "新建爆炸图"对话框

件"对话框，在此对话框中输入参数，该参数用于控制组件之间的距离，爆炸方向由参数的正负来确定，如果选择"添加间隙"复选框，则指定的距离为组件相对于关联组件移动的距离，如图5-39所示为平口钳的自动爆炸图。

3. 编辑爆炸图

采用自动爆炸方式，一般不能得到理想的爆炸效果，通常还需对爆炸图进行调整，也就是调整组件间的距离参数。

通过菜单"装配/爆炸图/编辑爆炸图"或单击"爆炸图"工具条上的"编辑爆炸图"按

图 5-37　"类选择"对话框

图 5-38　"自动爆炸组件"对话框

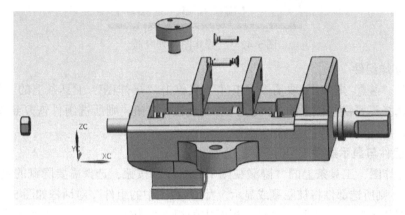

图 5-39　平口钳自动爆炸图

钮，会弹出图 5-40 所示的"编辑爆炸图"对话框。

在"编辑爆炸图"对话框上单击"选择对象"单选按钮，选择需要移动的组件，单击"移动对象"单选按钮，此时在所选对象上会出现带移动手柄和旋转手柄的坐标系，可选择并拖动坐标系上的手柄来移动对象，或选择移动或旋转手柄，在"距离"或"角度"中输入移动距离或旋转角度，如图 5-41 所示，单击"应用"按钮，所选对象将会沿指定的方向和距离移动。

图 5-40　"编辑爆炸图"对话框

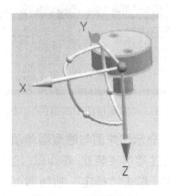

图 5-41　编辑爆炸图

提示：若选择"只移动手柄"单选按钮，则仅移动动态显示的坐标系和旋转手柄，而不影响其他对象。

4. 删除爆炸图

通过菜单"装配/爆炸图/删除爆炸图"或单击"爆炸图"工具条上的"删除爆炸图"按钮，将会弹出"爆炸图"对话框，如图 5-42 所示，在对话框的列表框内选择需要删除的爆炸图名称，然后单击"确定"按钮，即可删除所选爆炸图。

图 5-42　"爆炸图"列表框

5. 取消爆炸组件

通过菜单"装配/爆炸图/取消爆炸组件"或单击"爆炸图"工具条上的"取消爆炸组件"按钮，选择需要恢复位置的组件，单击"确定"按钮，则所选组件恢复到爆炸前位置，即原始位置。

6. 隐藏组件与显示组件

单击"爆炸图"工具条上的"隐藏视图中的组件"按钮，选择需要隐藏的组件后，单击"确定"按钮，则所选部件将被隐藏或显示。"隐藏视图中的组件"对话框如图 5-43 所示。

单击"爆炸图"工具条上的"显示视图中的组件"按钮，在弹出的"显示视图中的组件"对话框中选择需要显示的被隐藏组件的名称，单击"确定"按钮，则所选的被隐藏组件将会显示在绘图区。"显示视图中的组件"对话框如图 5-44 所示。

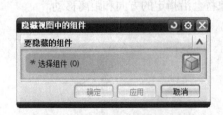

图 5-43　"隐藏视图中的组件"对话框

图 5-44　"显示视图中的组件"对话框

7. 显示爆炸图与隐藏爆炸图

通过菜单"装配/爆炸图/显示爆炸图"，在弹出的爆炸图列表框内选择需要观察的爆炸图名称，单击"确定"按钮即可，显示"爆炸图"对话框，如图 5-45 所示，同样通过菜单"装配/爆炸图/隐藏爆炸图"，则当前爆炸图被隐藏，恢复装配体原始模样。

"隐藏爆炸图"菜单如图 5-46 所示。

图 5-45 "爆炸图"对话框

图 5-46 "隐藏爆炸图"菜单

提示：隐藏是相对显示来操作的，如果不显示，则"隐藏爆炸图"菜单变为灰色。

任务实施

1. 移动活动钳口部分

在已经完成的装配图基础上创建爆炸图，按照图 5-47 所示步骤进行操作，具体说明见表 5-11。

表 5-11 移动活动钳口部分

序号	操作说明	序号	操作说明
1	单击"装配"菜单,选择"爆炸图",在右侧子菜单中选择"新建爆炸图"	15	选择图示部件
2	弹出"新建爆炸图"对话框,名称默认,单击"确定"按钮	16	单击"编辑爆炸图"对话框中的"移动对象"单选按钮
3	单击"装配"菜单,选择"爆炸图",在右侧子菜单中选择"编辑爆炸图"	17	单击"X 坐标轴"的箭头,按住鼠标左键拖动到图示位置
4	弹出"编辑爆炸图"对话框,单击"选择对象"单选按钮	18	单击"编辑爆炸图"对话框中的"确定"按钮
5	选择图示部件	19	单击"装配"工具条上的"编辑爆炸图"按钮
6	单击"编辑爆炸图"对话框中的"移动对象"单选按钮	20	选择图示部件
7	单击"X 坐标轴"的箭头,按住鼠标左键拖动到图示位置	21	单击"编辑爆炸图"对话框中的"移动对象"单选按钮
8	单击"编辑爆炸图"对话框中的"确定"按钮	22	单击"X 坐标轴"的箭头,按住鼠标左键拖动到图示位置
9	单击"装配"工具条上的"编辑爆炸图"按钮	23	单击"编辑爆炸图"对话框中的"确定"按钮
10	选择"沉头螺钉"	24	单击"装配"工具条上的"编辑爆炸图"按钮
11	单击"编辑爆炸图"对话框中的"移动对象"单选按钮	25	选择图示部件
12	单击"Z 坐标轴"的箭头,按住鼠标左键拖动到图示位置	26	单击"编辑爆炸图"对话框中的"移动对象"单选按钮
13	单击"编辑爆炸图"对话框中的"确定"按钮	27	单击"Z 坐标轴"的箭头,按住鼠标左键拖动到图示位置
14	单击"装配"工具条上的"编辑爆炸图"按钮	28	单击"编辑爆炸图"对话框中的"确定"按钮

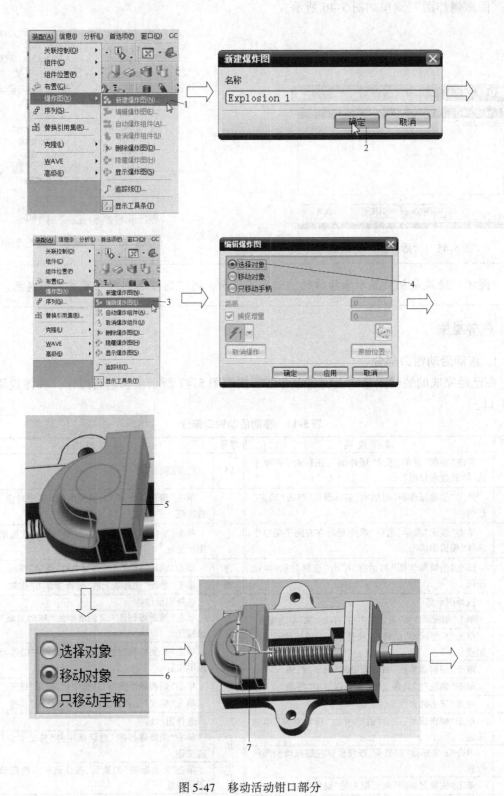

图 5-47 移动活动钳口部分

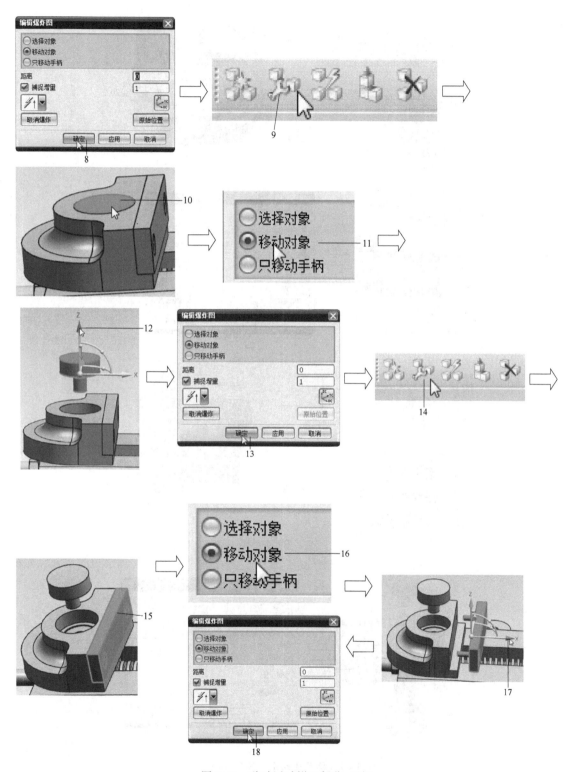

图 5-47 移动活动钳口部分（续）

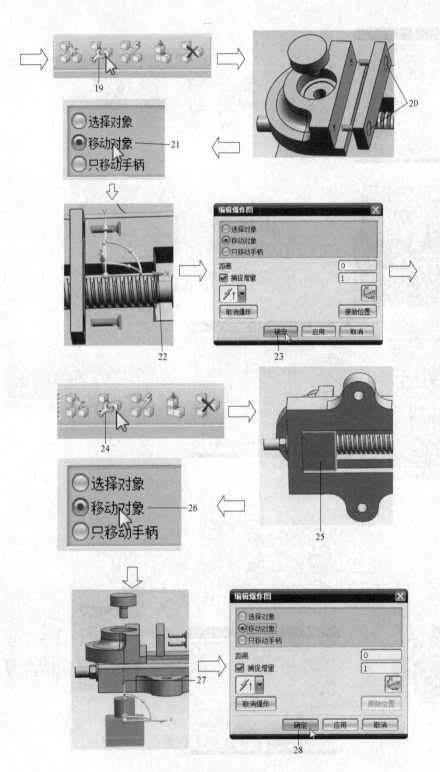

图 5-47　移动活动钳口部分（续）

2. 移动固定钳口上的钳口板和两个螺钉

操作过程与活动钳口上钳口板和螺钉的移动相同，结果如图 5-48 所示。

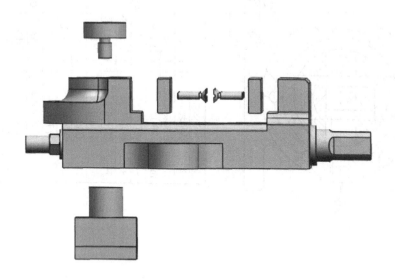

图 5-48 移动固定钳口上的钳口板和两个螺钉

3. 移动螺杆、垫片及螺母

操作方法同上，结果如图 5-49 所示。

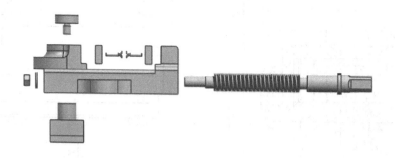

图 5-49 移动螺杆、垫片及螺母

练习题

1. 打开资源包中的 "exercise \ 5 \ sanyuanzibeng" 文件夹，利用给出的三元子泵的零件模型，按照图 5-50 所示装配图进行装配，并创建装配爆炸图。

序号	名　称	数量	材料	备注
13	销 3n6×14	1	45	GB/T 119—2000
12	大滑块	1	45	
11	小轴	1	45	
10	小滑块	1	HT150	
9	螺钉N6×16	6	A3	GB/T 5780—2000
8	泵盖	1	HT15-33	
7	垫片	1	工业用纸	
6	衬套	1	HT20-40	
5	压盖	1	A3	
4	密封环	1	工业毛毡	
3	转子轴	1	A3	
2	螺钉 M4×8	3	A3	GB/T 68—2000
1	泵体	1	HT20-40	

三元子泵装配图　比例 1:1.5　重量

工作原理

当转子轴3旋转时，因小轴11和轴1的偏心，造成小滑块10和大滑块12的侧隙体积发生变化，从而迫使液体从进油孔吸入向出油孔挤出。

2. 完成下列零件的三维造型，按照图 5-57 所示进行装配，并生成爆炸图。

1）弹簧如图 5-51 所示，文件名为"tanhuang"。

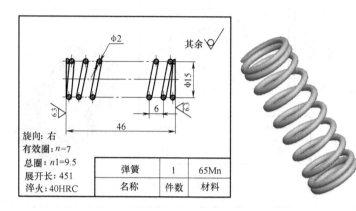

弹簧	1	65Mn
名称	件数	材料

旋向：右
有效圈：$n=7$
总圈：$n1=9.5$
展开长：451
淬火：40HRC

图 5-51　弹簧

2）压板如图 5-52 所示，文件名为"yaban"。

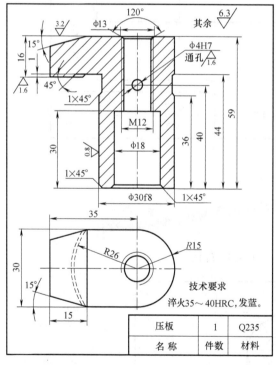

技术要求

淬火35～40HRC，发蓝。

压板	1	Q235
名　称	件数	材料

图 5-52　压板

3）平垫圈如图 5-53 所示，文件名为"pingdianquan"。

4）螺柱如图 5-54 所示，文件名为"luozhu"。

5）螺母如图 5-55 所示，文件名为"luomu"。

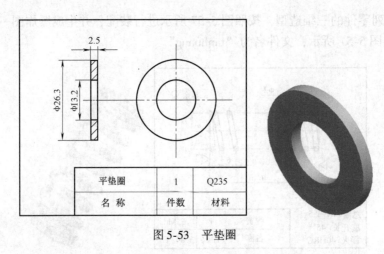

图5-53　平垫圈

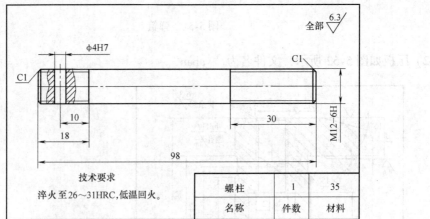

图5-54　螺柱

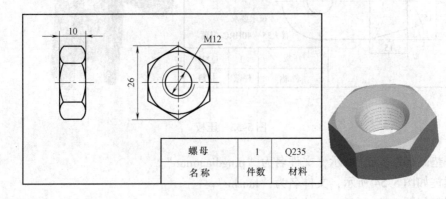

图5-55　螺母

6）壳体如图5-56所示，文件名为"keti"。

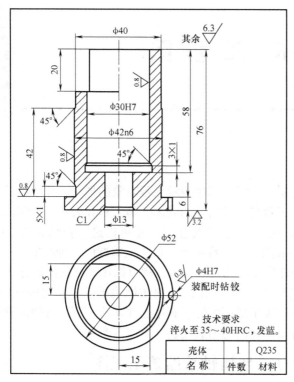

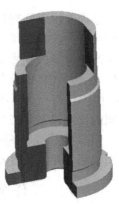

图 5-56　壳体

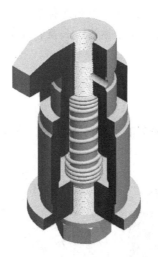

图 5-57　装配图

单元6 工程图

6

根据投影原理及国家标准规定，工程技术中表示工程对象的形状、大小以及技术要求的图，称为工程图样。工程图样是工程与产品信息的载体，是工程界表达、交流的语言。工程图样是现代生产中重要的技术文件，不仅要指导生产，还可以进行技术交流，所以有"工程界的语言"之称。图样的绘制和阅读是工程技术人员必须掌握的一种技能。

而在 UG 中，任何一个利用建模创建的三维模型，都可以用不同的投影方法、不同的图样尺寸和不同的比例建立多张二维工程图。UG 的工程图模块提供了各种视图的管理功能，如添加视图、删除视图、对齐视图和编辑视图等。利用这些功能，可以方便地管理工程图中所包含的各类视图，并可修改各视图之间的缩放比例、角度等参数。

任务1 创建轴承端盖工程图

学习目标
1. 掌握全剖视图的创建方法，能够准确选择表达视图，并能灵活运用命令。
2. 掌握基本尺寸标注、圆弧尺寸标注、公差标注等简单标准方法。
3. 掌握注释的添加方法。

📖 **任务描述**

依据图 6-1 所示的实例创建一个轴承端盖工程图。该零件属于盘类零件，它主要由止口、法兰盘以及固定孔等组成。

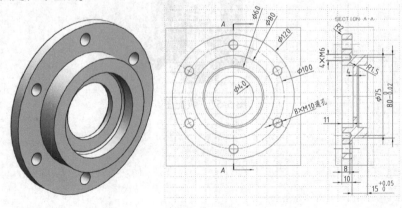

图 6-1 轴承端盖

任务实施

1. 启动制图应用模块

打开资源包中的"task \ 6 \ zhouchengduangai.prt"文件，按照图 6-2 所示步骤进行操作，具体说明见表 6-1。

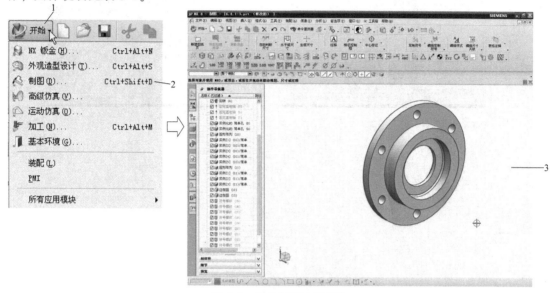

图 6-2 启动制图应用模块

表 6-1 启动制图应用模块

序号	操 作 说 明	序号	操 作 说 明
1	单击"开始"图标	3	进入制图模块
2	选择"制图"		

2. 创建图样

按照图 6-3 所示步骤进行操作，具体说明见表 6-2。

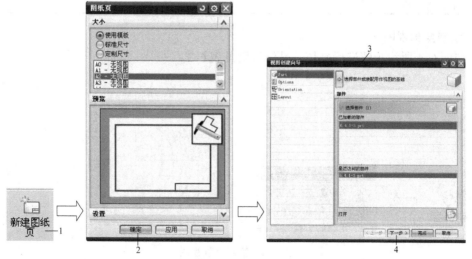

图 6-3 创建图样

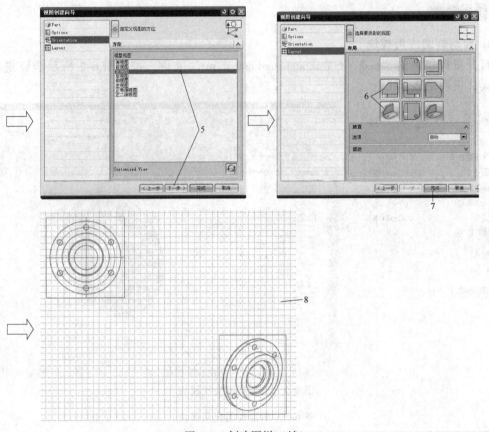

图 6-3 创建图样（续）

表 6-2 创建图样

序号	操 作 说 明	序号	操 作 说 明
1	单击"新建图纸页"图标	5	选择右视图，单击"下一步"
2	出现"图纸页"对话框，选择大小，单击"确定"	6	选择主视图、正二测视图
3	出现"视图创建向导"对话框	7	单击"完成"，创建的图纸如 8 所示
4	单击"下一步"		

3. 绘制全剖视图

按照图 6-4 所示步骤进行操作，具体说明见表 6-3。

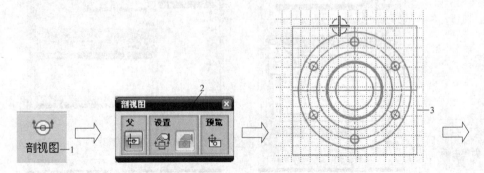

图 6-4 绘制全剖视图

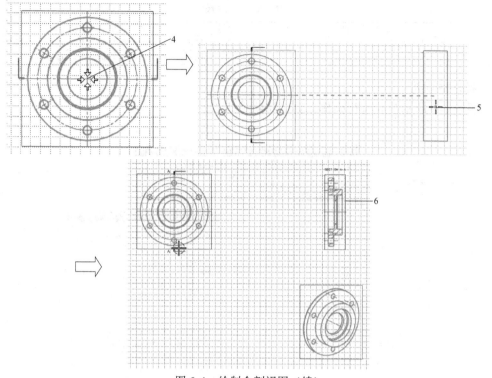

图 6-4　绘制全剖视图（续）

表 6-3　绘制全剖视图

序号	操 作 说 明	序号	操 作 说 明
1	单击"剖视图"	4	选择剖视图中心点为圆心
2	出现"剖视图"对话框	5	拖动鼠标，绘制左视图的全剖视图
3	单击主视图图框边缘，图框变色，导入视图	6	单击鼠标左键确定剖视图位置

4. 标注基本尺寸

按照图 6-5 所示步骤进行操作，具体说明见表 6-4。

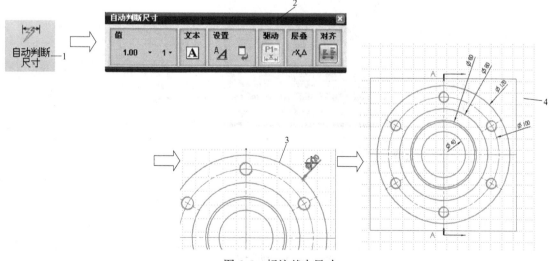

图 6-5　标注基本尺寸

表 6-4　标注基本尺寸

序号	操 作 说 明	序号	操 作 说 明
1	单击"自动判断尺寸"	3	单击圆的外侧边缘，图框变色，标注尺寸 φ120
2	出现"自动判断尺寸"对话框	4	用同样方法标注尺寸 φ40、φ60、φ80、φ100

5. 标注螺纹孔

按照图 6-6 所示步骤进行操作，具体说明见表 6-5。

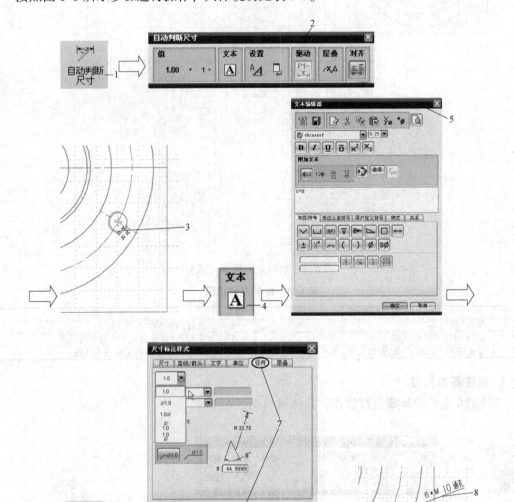

图 6-6　标注螺纹孔

表6-5　标注螺纹孔

序号	操作说明	序号	操作说明
1	单击"自动判断尺寸"	6	单击"设置"
2	出现"自动判断尺寸"对话框	7	出现"尺寸标注样式"对话框,单击"径向",选择无符号,单击"确定"
3	单击螺纹的外侧边缘,图框变色,进行尺寸标注		
4	单击"文本"	8	标注螺纹尺寸:6＊M10 通孔
5	出现"文本编辑器"对话框,单击"附加文本"选项中的"之前"图标,输入"6＊M",再单击"附加文本"选项中的"之后"图标,输入"通孔",单击"确定"	9	用同样方法标注螺纹尺寸:6＊M6

6. 标注公差

按照图6-7所示步骤进行操作，具体说明见表6-6。

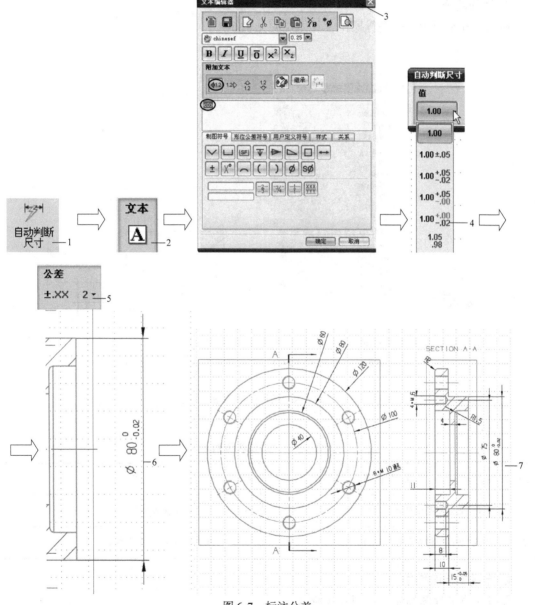

图6-7　标注公差

表 6-6　标注公差

序号	操 作 说 明	序号	操 作 说 明
1	单击"自动判断尺寸"，出现"自动判断尺寸"对话框	5	单击"公差"选项，在弹出的对话框中输入公差值 0.02
2	单击"文本"		
3	出现"文本编辑器"对话框，单击"附加文本"选项中的"之前"图标，选择制图符号 φ	6	标注尺寸 $\phi 80_{-0.02}^{\ 0}$
		7	标注其余尺寸
4	单击"值"，选择单向负公差		

7. 添加注释

按照图 6-8 所示步骤进行操作，具体说明见表 6-7。

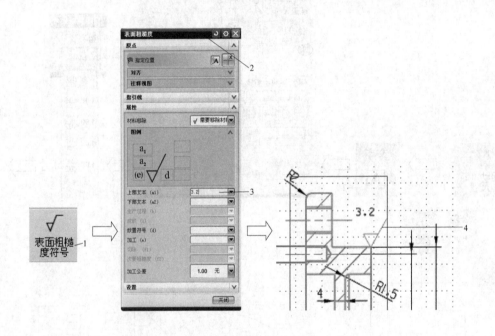

图 6-8　添加注释步骤

表 6-7　添加注释步骤

序号	操 作 说 明	序号	操 作 说 明
1	单击"表面粗糙度符号"	3	上部文本输入 3.2
2	出现"表面粗糙度符号"对话框	4	选择标注位置，单击左键

8. 完成工程图标注

最终完成工程图标注，如图 6-9 所示。

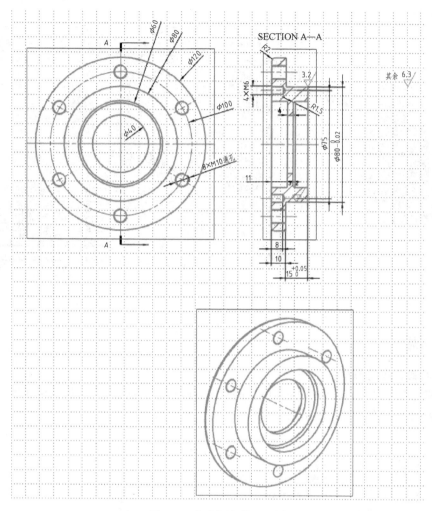

图6-9　完成标注的工程图

任务2　创建千斤顶工程图

学习目标

1. 掌握半剖视图的创建方法，能够准确地选择表达视图，并能灵活运用命令。
2. 掌握标题栏的添加方法。
3. 掌握注释的添加方法。

📖 **任务描述**

根据图6-10所示千斤顶装配实例创建一个工程图。螺旋千斤顶是由人力通过螺旋副传动，以螺杆或螺母套筒作为顶举件来实现顶举运动的。它可以通过螺纹自锁作用支持重物，其构造简单，主要由顶盖、螺杆、螺母、壳体、摇杆以及固定螺钉等组成。

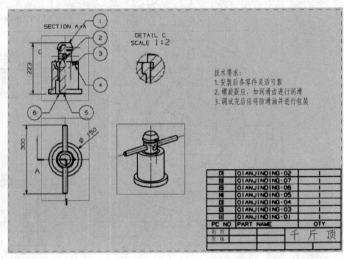

图 6-10　千斤顶

任务实施

1. 启动制图应用模块：

打开资源包中的"task \ 6 \ QianJinDing \ QianJinDing-asm. prt"文件，按照图 6-11 所示步骤进行操作，具体说明见表 6-8。

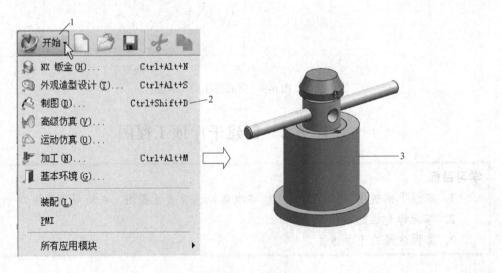

图 6-11　启动制图应用模块

表 6-8　启动制图应用模块

序号	操 作 说 明	序号	操 作 说 明
1	单击"开始"图标	3	进入制图模块
2	选择"制图"		

2. 创建图样

按照图6-12所示步骤进行操作，具体说明见表6-9。

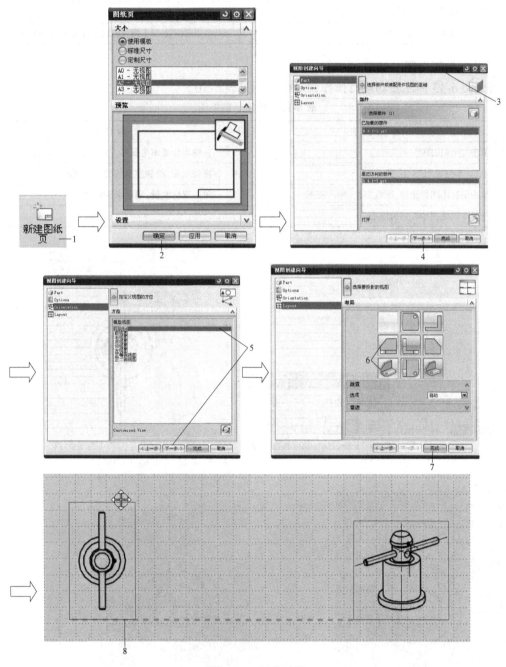

图6-12　创建图样

表6-9　创建图样

序号	操作说明	序号	操作说明
1	单击"新建图纸页"图标	3	出现"视图创建向导"对话框,拖动鼠标绘圆
2	出现"图纸页"对话框,选择图纸大小,单击"确定"	4	单击"下一步"

（续）

序号	操作说明	序号	操作说明
5	选择俯视图,单击"下一步"	7	单击"完成"
6	选择主视图、正二测视图	8	移动主视图位置,单击俯视图边框,拖动鼠标进行移动

3. 绘制半剖视图

按照图6-13所示步骤进行操作，具体说明见表6-10。

表6-10　绘制半剖视图

序号	操作说明	序号	操作说明
1	单击"半剖视图"	5	在中心位置单击鼠标左键,确定剖切位置
2	出现"半剖视图"对话框	6	拖动鼠标,绘制左视图的半剖视图
3	单击俯视图图框边缘,图框变色,导入视图	7	单击鼠标左键,确定半剖视图位置
4	选择半剖视图中心点为圆心		

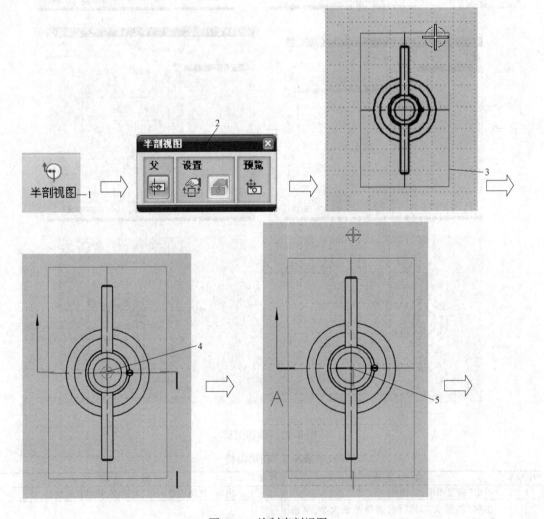

图6-13　绘制半剖视图

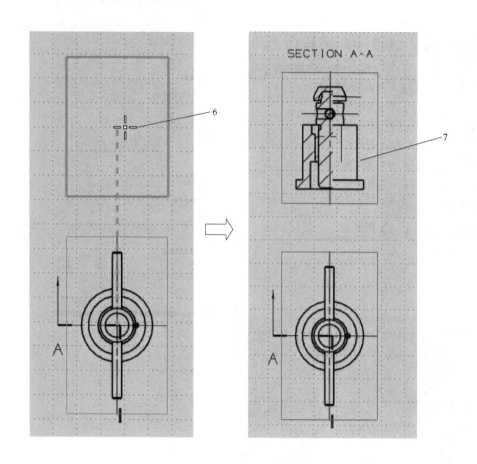

图 6-13　绘制半剖视图（续）

4. 绘制局部放大图

按照图 6-14 所示步骤进行操作，具体说明见表 6-11。

表 6-11　绘制局部放大图

序号	操 作 说 明	序号	操 作 说 明
1	单击"插入"，选择"视图"	5	拖动鼠标确定放大视图的大小
2	选择"局部放大图"	6	拖动鼠标选择合适位置放置放大视图
3	出现"局部放大图"对话框	7	完成放大视图的绘制
4	单击要放大的位置，确定放大视图中心点		

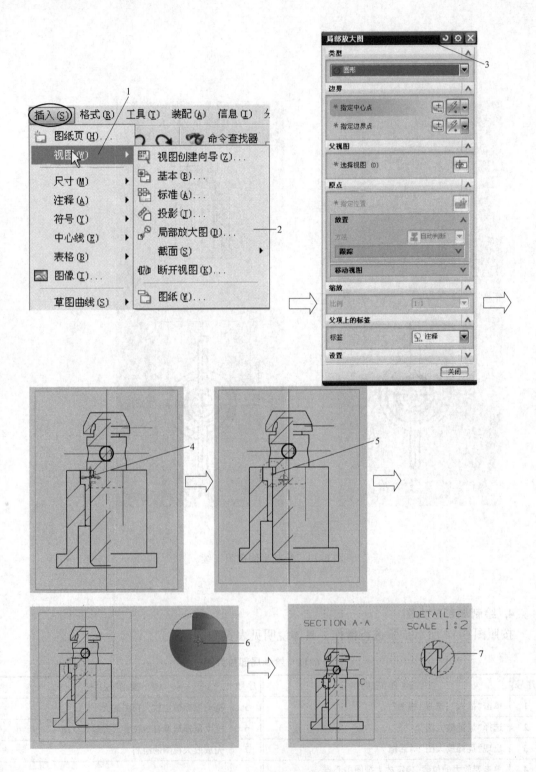

图 6-14 绘制局部放大图

5. 绘制局部剖视图

（1）绘制局部剖切线　按照图 6-15 所示步骤进行操作，具体说明见表 6-12。

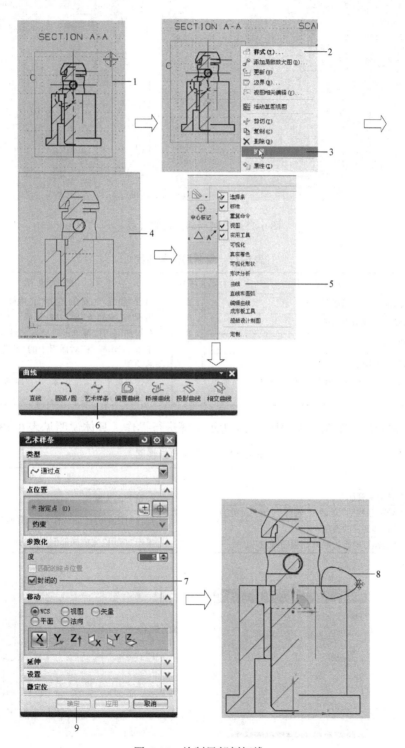

图 6-15　绘制局部剖切线

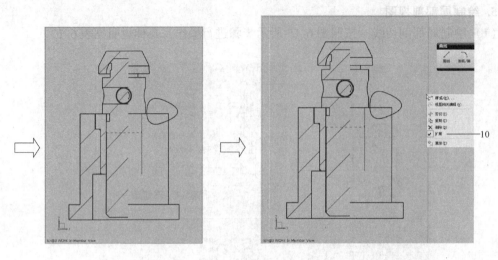

图 6-15　绘制局部剖切线（续）

表 6-12　绘制局部剖切线

序号	操 作 说 明	序号	操 作 说 明
1	单击图框边缘选择视图	6	出现"曲线"工具条,选择"艺术样条"
2	单击鼠标右键弹出菜单	7	出现"艺术样条"对话框,选择"封闭的"
3	选择"扩展"	8	在局部剖切位置单击几个点,绘制封闭样条曲线
4	进入扩展视图	9	单击"艺术样条"对话框中的"确定",完成艺术样条的绘制
5	在菜单栏空白区域单击鼠标右键,在弹出的菜单中选择"曲线"	10	鼠标右键单击边框边缘,在弹出的菜单中选择"扩展",关闭扩展视图

（2）绘制局部剖视图　按照图 6-16 所示步骤进行操作，具体说明见表 6-13。

表 6-13　绘制局部剖视图

序号	操 作 说 明	序号	操 作 说 明
1	单击"局部剖视图"	5	矢量方向为默认
2	出现"局部剖视图"对话框,选择"创建"及类型	6	选择封闭的样条曲线作为局部剖视的分界曲线
3	单击要局部剖视的视图	7	单击"应用"完成局部剖视图的绘制,见8
4	选择骑缝螺钉中心为局部剖视图基点		

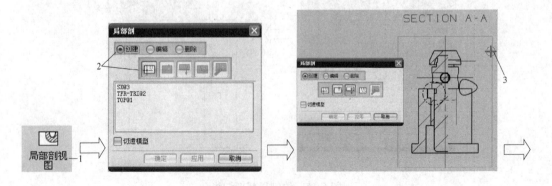

图 6-16　绘制局部剖视图

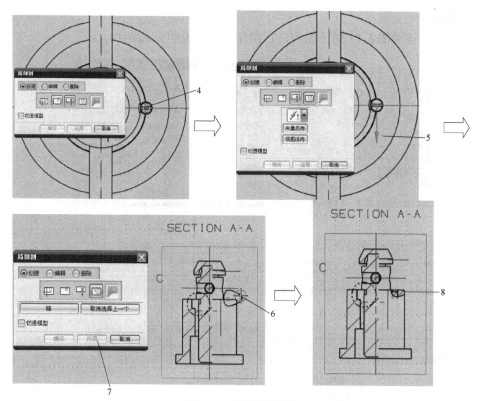

图 6-16 绘制局部剖视图（续）

6. 标注轮廓尺寸

按照图 6-17 所示标注轮廓尺寸。

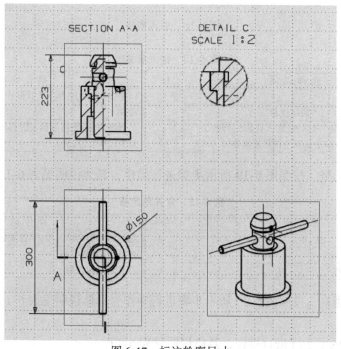

图 6-17 标注轮廓尺寸

7. 绘制标题栏

（1）插入表格　按照图6-18所示步骤进行操作，具体说明见表6-14。

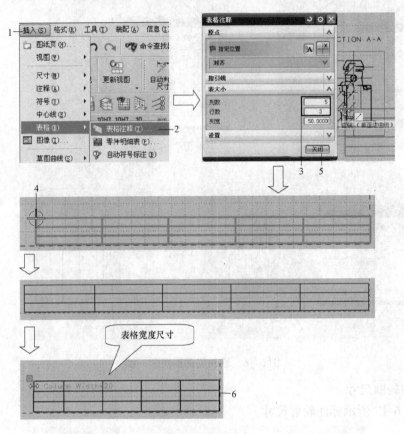

图6-18　插入表格

表6-14　插入表格

序号	操作说明	序号	操作说明
1	单击"插入"	5	单击"表格注释"对话框中的"关闭"，完成表格绘制
2	选择"表格"，单击"表格注释"		
3	出现"表格注释"对话框，输入列数5，行数3	6	调整表格，按住鼠标左键移动表格线框，第一列宽为20，其余为25
4	在图框右下方单击鼠标左键放置表格		

（2）合并单元格　按照图6-19所示步骤进行操作，具体说明见表6-15。

表6-15　合并单元格

序号	操作说明	序号	操作说明
1	选择图示两个单元格，单击鼠标右键	4	选择图示四个单元格，单击鼠标右键
2	选择"合并单元格"	5	选择"合并单元格"
3	合并之后的效果	6	合并之后的效果

（3）绘制标题栏　按照图6-20所示步骤进行操作，具体说明见表6-16。

8. 技术要求

按照图6-21所示步骤进行操作，具体说明见表6-17。

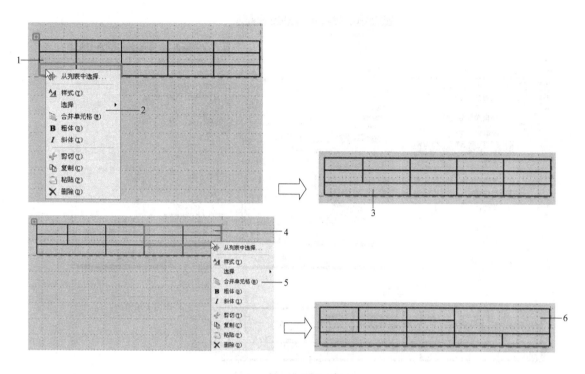

图 6-19　合并单元格

表 6-16　绘制标题栏

序号	操 作 说 明	序号	操 作 说 明
1	选择图示单元格,单击鼠标右键,选择"编辑文本"	5	出现"注释样式"对话框,字体选择"仿宋_GB 2312"
2	出现"文本"对话框,输入"制图"	6	单元格文本对齐选择"中心"对齐
3	单击"确定",出现图示方块	7	单击"确定",完成文本编辑
4	选择图示单元格,单击鼠标右键,选择"样式"	8	以同样方式完成图示标题栏

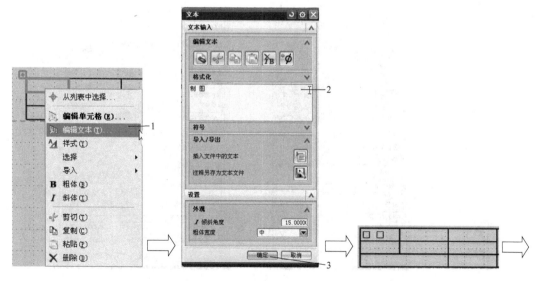

图 6-20　绘制标题栏

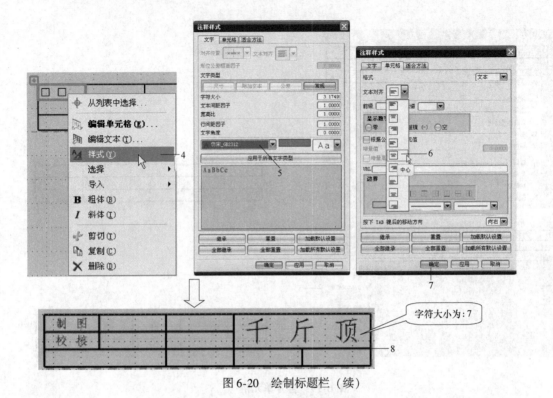

图 6-20 绘制标题栏（续）

表 6-17 添加技术要求

序号	操 作 说 明	序号	操 作 说 明
1	单击"注释"，出现"注释"对话框	3	在"注释样式"对话框中，字体选择"仿宋_GB 2312"
2	"文本"内容按图示输入，输入完成，单击"关闭"后关闭对话框	4	单击"确定"，完成技术要求的填写

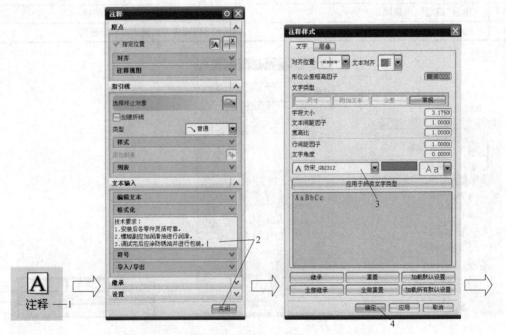

图 6-21 添加技术要求

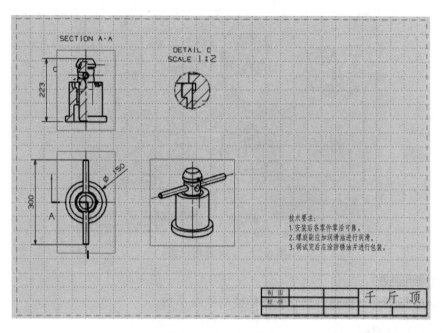

图 6-21 添加技术要求

9. 去掉栅格

按照图 6-22 所示步骤进行操作，具体说明见表 6-18。

表 6-18 去掉栅格

序号	操作说明	序号	操作说明
1	单击"首选项"，选择"栅格和工作平面"	3	将"显示栅格"前的对勾去掉，单击"确定"
2	出现"栅格和工作平面"对话框	4	完成千斤顶工程图

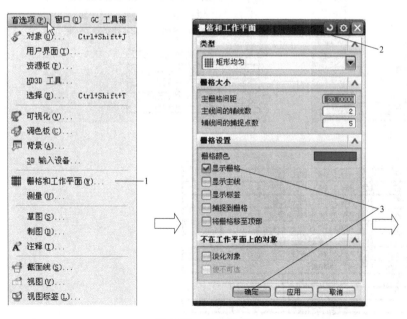

图 6-22 去掉栅格

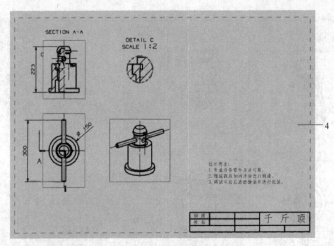

图 6-22　去掉栅格（续）

10. 添加明细表

按照图 6-23 所示步骤进行操作，具体说明见表 6-19。

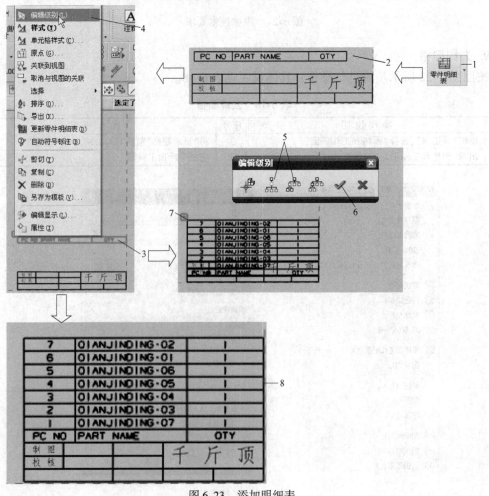

图 6-23　添加明细表

表6-19　添加明细表

序号	操 作 说 明	序号	操 作 说 明
1	单击"零件明细表"图标,绘图区出现表格示意图	6	单击"√",结束级别编辑
2	在绘图区空白区域单击,出现零件明细表格	7	左键按住明细表格左上角,拖动表格,与标题栏左对齐
3	在零件明细表上,右键单击弹出快捷菜单		
4	单击"编辑级别",弹出"编辑级别"工具条	8	将光标放在表格右边线上,出现表格调整图标,按住左键,拖动右边线,与标题栏右侧对齐,明细表添加完毕
5	单击"主模型"、"仅顶级"图标,将其弹起,绘图区零件明细表全部显现出来		

11. 添加零件序号

按照图6-24所示步骤进行操作,具体说明见表6-20。

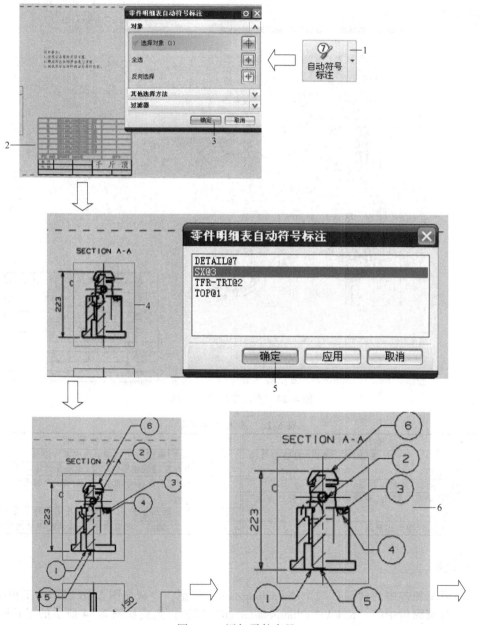

图6-24　添加零件序号

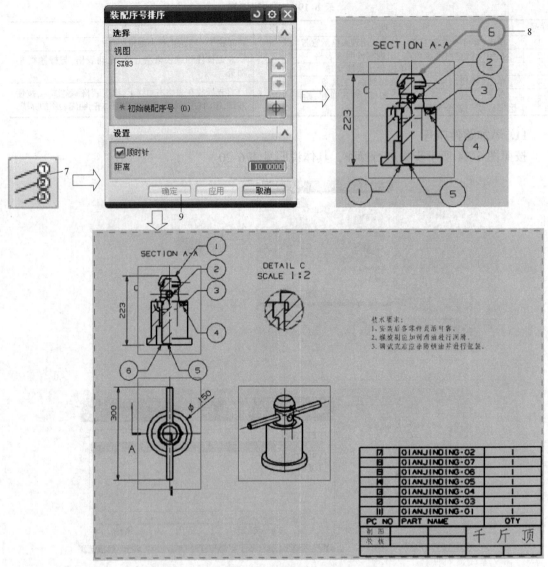

图 6-24　添加零件序号（续）

表 6-20　添加零件序号

序号	操 作 说 明	序号	操 作 说 明
1	单击"自动符号标注"图标，弹出"自动符号标注"对话框	5	单击"确定"，主视图上出现零件序号
		6	鼠标左键按住零件序号，拖动至合适位置
2	单击零件明细表	7	单击"装配序号排序"图标，弹出"装配序号排序"对话框
3	单击"确定"，弹出"零件明细表自动符号标注"对话框		
		8	用鼠标左键单击一个序号，作为序号1，重新排序
4	在绘图区，单击主视图	9	单击"确定"，结束排序，完成装配序号的添加

练习题

1. 打开资源包中的 "task \ 2 \ chuandongzhou" 模型，生成如图 2-96 所示的工程图。

2. 打开资源包中的 "task \ 2 \ lianjiefalanpan" 模型，生成如图 2-24 所示的工程图。

3. 打开资源包中的 "task \ 5 \ pingkouqian" 模型，生成工程图。

单元 7　UG CAM

7

任务 1　认识 UG NX 8.0 CAM

学习目标

1. 了解 UG NX 8.0 CAM 实现加工的原理
2. 了解 UG NX 8.0 CAM 的主要操作类型
3. 了解 UG NX 8.0 CAM 的加工环境
4. 熟悉 UG NX 8.0 CAM 编程的步骤

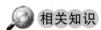 相关知识

1. UG CAM 实现加工的原理

在介绍 UG CAM 实现加工的原理前，先了解两个概念。

（1）刀位轨迹　刀位轨迹是刀具在加工过程中的运动路径，简称刀轨。在计算机的图形中显示为轨迹线条。

（2）操作　UG NX 8.0 为了创建某一类刀位轨迹而用来收集信息的集合。

UG CAM 内定了各种各样的操作，在每一种操作中可以设定相关的信息参数，然后系统根据这些参数计算出特定的刀轨。例如平面铣操作可以创建基于曲线的刀轨，型腔铣操作可以创建工件的粗加工刀轨，曲面轮廓铣操作可以创建曲面的精加工刀轨，钻孔操作可以加工工件的孔和螺纹等。

UG CAM 的主要目的就是控制刀具进行指定的运动，加工出需要的工件。使用 UG NX 8.0 编程的主要工作就是创建合理的刀轨。

2. UG CAM 的主要操作类型

UG NX 8.0 的加工环境中提供了许多操作模板，但只需要掌握几种最基本的操作即可具备编程的能力，并投入实际工作，现介绍如下（其他操作都是从这几种基本操作中稍加变化扩展出来的）。

（1）平面铣操作和面铣操作　使用平面曲线作为加工对象，计算相应的刀位轨迹。

（2）型腔铣操作和等高轮廓铣操作　使用曲面或实体作为加工对象，分层计算相应的刀位轨迹。

（3）固定轴曲面轮廓铣操作　使用曲面或实体作为加工对象，通过多种驱动方式计算

相应的刀位轨迹。

（4）钻孔操作　使用点位作为加工对象，计算各类循环钻孔刀位轨迹。

3. 界面介绍

UG NX 8.0 的界面与以前版本的界面有一定的区别，其界面的功能全部采用按钮和对话框表达，操作非常直观。

（1）界面功能区　进入 UG NX 8.0 的工作界面，单击"开始"按钮，弹出下拉菜单，如图 7-1 所示。

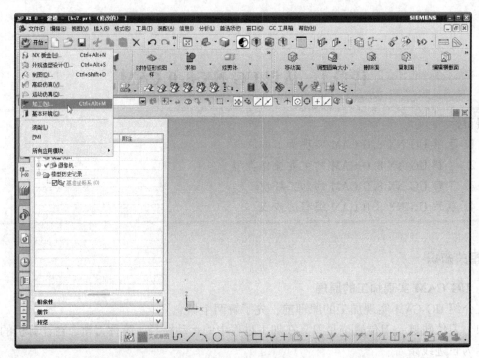

图 7-1　"开始"下拉菜单

选择"开始"下拉菜单中的"加工"选项，会打开"加工环境"对话框，如图 7-2 所示。

"加工环境"对话框包含了两个列表框，"CAM 会话配置"列表框中列出的是随 UG 软件提供的一些加工环境，可根据需要选择一个加工环境，其中"cam_ general"加工环境是一个通用的加工环境，包含了所有的铣加工功能、车加工功能以及电火花线切割功能。因此，通常情况下都默认使用"cam_ general"加工环境。

当在"CAM 会话配置"列表框中选定一种加工环境时，"要创建的 CAM 设置"列表框显示的就是这个加工环境中的所有操作模板类型。每一种操作模板类型是若干操作模板的集合。

此时必须指定一种默认的操作模板类型，不过在进入加工环境后，可以随时更改为其他操作模板类型。单击"确

图 7-2　"加工环境"对话框

定"按钮 确定 ，系统初始化并进入加工环境。单击屏幕左侧的"操作导航器"按钮
，打开操作导航器，单击其上的"固定"按钮 ，将其固定在操作界面上。如图7-3
所示。

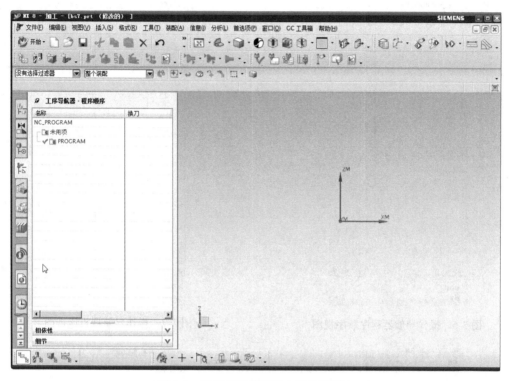

图7-3 操作导航器固定在操作界面上

（2）"加工创建"工具条 加工环境中非常重要的"加工创建"工具条，包括创
建程序、创建刀具、创建几何体、创建工序4个工具，如图7-4所示，其作用分别
如下。

1）创建程序：建立一组程序的父节点。

2）创建刀具：建立一把新的刀具并设置刀具参数。

3）创建几何体：建立几何体父节点，可设定该几何体包含的工件、毛坯或坐标系等。

4）创建工序：建立一个加工操作。

（3）操作导航器的4个视图 UG NX 8.0加工环境中的操作导航器是一个对创建的操
作进行全面管理的窗口，它有4个视图，分别是程序顺序视图、机床视图、几何视图和加工
方法视图。这4个视图分别使用程序组、机床、几何体和加工方法作为主线，通过树形结构
显示所有的操作，如图7-5~图7-9所示。

图7-4 "加工创建"工具条

图7-5 操作导航器4个视图

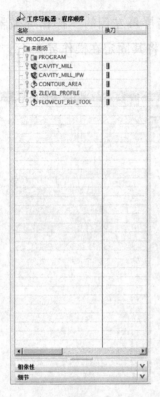

图 7-6　操作导航器程序顺序视图

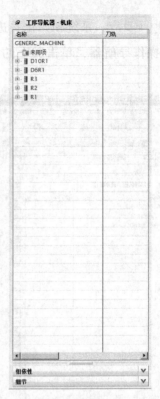

图 7-7　操作导航器机床视图

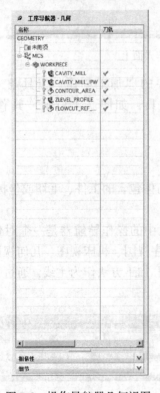

图 7-8　操作导航器几何视图

图 7-9　操作导航器加工方法视图

操作导航器的 4 个视图是相互联系的、统一的整体，绝不可误解为各自是孤立的部分，它们都始终围绕着操作这条主线，按照各自的规律显示。

UG NX 8.0 加工的最终目的是要生成数控程序，即通过操作产生刀位轨迹。而操作导航器的 4 个视图只是数控程序的几个侧面，通过不同的主线，分别集中显示程序顺序、机床、几何和加工方法，使所进行的操作看起来一目了然。

操作导航器的作用就是方便操作管理，提高程序编制的精确度和效率。通常使用较多的是几何视图和程序视图。

4. UG CAM 编程基本步骤

使用 UG 进行数控加工的过程包含以下步骤：零件与毛坯的 CAD 模型→工艺设计→选择加工环境→创建程序顺序→创建刀具→创建几何→创建加工方法→依据工艺方案，创建操作→后处理及生成车间文档

（1）获得零件与毛坯的 CAD 模型　模型可以由 UG 本身创建，也可以由其他 CAD 软件创建，用 UG 导入。典型的可导入文件类型包括 Parasolid、IGES、STL、STEP、DXF、DWG、CATIA、PRO/E 等。

（2）工艺设计　分析零件需要加工的部位，选择加工方法，确定加工工序。这一步其实是工艺设计的内容，在数控加工中一般要遵循工序集中的原则，用一把刀完成尽量多的加工内容。要分析毛坯与零件的关系，设计好装夹方式，选择合适的刀具及对刀方法，明确每一把刀的加工内容及走刀方式，计算出切削参数。

（3）进入 UG 加工模块，选择加工环境

1）平面铣（mill_ planar）：主要针对 3 轴数控铣床，完成垂直于刀轴的平面以及法线垂直于刀轴的侧面的铣削加工编程。

2）型腔铣（mill_ contour）：主要在 3 轴数控铣床上，完成曲面的加工编程。

3）多轴加工（mill_ multi-axis）：主要针对加工中心，因加工中心能实现超过 3 轴的联动，可以实现更加复杂曲面的编程与加工。

4）孔加工（drill 和 hole_ making）：针对钻床或镗床上的孔加工完成数控编程。

5）车削加工（turing）：针对车床，可以完成轴类零件的车削编程与加工。

6）线切割（wire_ edm）：针对线切割机床，可以实现线切割加工。

（4）创建程序顺序　依据加工的复杂程度，创建程序顺序，便于管理工序。如果加工内容比较简单，可以直接使用 UG 缺省的程序顺序。

（5）创建刀具　依据第二步工艺设计的结果，创建刀具。创建的刀具应当和车间实际使用的刀具参数保持一致，刀柄的参数尽可能收集齐全，每一把刀在数控机床上的编号应明确，在创建刀具时把这些参数输入。

（6）创建几何　创建几何的主要目的是为了界定加工的表面以及加工范围。不同的操作有不同的表现形式。但一般来说零件的一个工序会涉及加工坐标系几何（MCS 根节点）、工件几何（WORKPIECE 父节点）、具体加工几何（MILL_ BND 或 MILL_ AREA 子节点）。加工坐标系几何设定以后，实际加工中，数控机床上工件原点的设定必须和加工坐标系几何保持一致。工件坐标系几何一般用来定义零件几何体、毛坯几何体与检查几何体（一般是指夹具）。具体的加工几何 MILL_ BND 是指平面铣削使用的刀具，MILL_ AREA 是指型腔铣削用的铣削区域。

（7）创建加工方法　主要是为粗加工、半精加工、精加工定义切削余量、内外公差及进给速度。可以首先选择 UG 软件缺省自带的几个加工方法，再考虑创建新的加工方法。

（8）创建操作　依据第二步工艺设计的结果，开始创建操作。注意，UG 中的创建操作其实就是一个工步。在创建操作的过程中，要设定加工策略、定义转速等，然后生成刀轨。可在此直接对生成的刀轨进行仿真确认。

（9）后处理及生成车间文档　选择适合的后处理器，对产生的刀轨进行后处理，生成可运行于数控机床上的数控代码。同时生成车间文档，随同数控程序交给车间操作员，即可投入使用。

任务2　盖板平面铣削加工

学习目标

1. 掌握铣削加工通用参数的设置方法（创建刀具、创建坐标系、创建几何体）。
2. 掌握平面铣加工参数的定义方法。
3. 掌握模拟加工的操作方法。
4. 掌握后处理的操作方法。

任务描述

铣削加工图 7-10 和图 7-11 所示盖板零件上的 $80 \times 80 \times 10$（$4 \times R15$ 倒角）凸台和 $\phi 60 \times 15$ 圆形型腔。零件毛坯尺寸为 $100 \times 100 \times 40$。

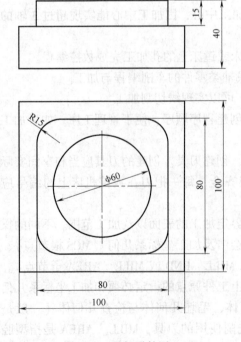

图 7-10　盖板零件图

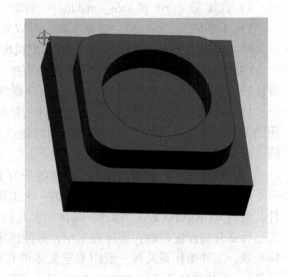

图 7-11　盖板三维图

工艺分析

（1）装夹方式　用平口钳装夹，工件高出钳口 15mm 以上。

（2）选择刀具　选择 φ20mm 直柄立铣刀。

（3）加工顺序

1）粗加工 80×80×10（4×R15 倒角）外形和 φ60×15 圆形型腔。

2）精加工 80×80×10（4×R15 倒角）外形和 φ60×15 圆形型腔。

> **温馨提示**
>
> 在正式编程前分析工件后选择刀具是非常关键的步骤，此步骤常称为"定刀"，刀具选择的基本原则有以下几点。
>
> 1. 分析工件尺寸，估计切削量的大小，尽量选择直径较大的刀具进行加工，以提高切削效率和加工稳定性。
>
> 2. 分析工件的凹槽和凹角，以确定最终精加工时最小刀具的大小，再设定一把或几把小直径的刀具进行清角及精加工。
>
> 3. 大直径刀具进行大面积区域的加工，小直径刀具进行小面积区域的局部加工。
>
> 4. 平面精加工尽量使用平铣刀，可节省时间和提高精度。曲面精加工使用球头铣刀或带圆角铣刀。

相关知识

平面铣功能及应用场合介绍如下：

（1）功能概述　平面铣在加工过程中，产生在水平方向的 XY 两轴联动，而 Z 轴方向只在完成一层加工后进入下一层时才做单独的动作。

平面铣只能加工与刀轴垂直的几何体，所以平面铣的刀轨加工出的是直壁垂直于底面的零件。平面铣建立的平面边界定义了零件几何体的切削区域，并且一直切削到指定的底平面。每一层刀路除了深度不同外，形状与上一个或下一个切削层严格相同。

（2）应用场合　平面铣用于直壁的、岛屿顶面和槽腔底面为平面零件的加工。一般情形下，对于直壁的、水平底面为平面的零件，常选用平面铣操作进行粗加工和精加工，如加工产品的基准面、内腔的底面、敞开的外形轮廓等，在薄壁结构件的加工中，平面铣广泛使用。通过设置不同的切削方法，平面铣可以完成挖槽或者是轮廓外形的加工。

平面铣有着独特的优点，它无需做出完整的造型，可以依据 2D 图形直接进行刀具路径的生成；它可以通过边界和不同的材料侧方向，定义任意区域的任一切削深度；它调整方便，能很好控制刀具在边界上的位置。

任务实施

零件 CAD 模型已制作完成，文件名为"gaiban. prt"。

1. 打开模型

如图 7-12 所示，单击"打开"图标，弹出"打开"对话框，文件类型默认为"部件文件"，找到"gaiban. prt"文件，单击"OK"按钮 OK 。

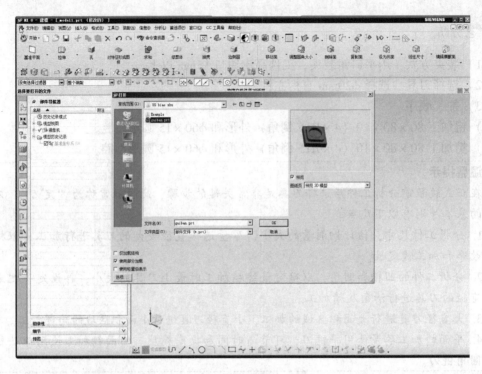

图 7-12　"打开部件文件"对话框

2. 进入"加工"模块

单击"开始"按钮，在下拉菜单中单击"加工"，进入"加工"模块，如图 7-13 所示。然后系统自动弹出"加工环境"对话框，选择相应选项，单击"确定"按钮，完成"加工环境"的设置，如图 7-14 所示。

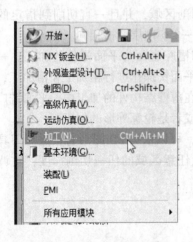

图 7-13　进入"加工"模块

图 7-14　"加工环境"对话框

3. 设定坐标系和安全高度

按照图 7-15 所示步骤进行操作，具体说明见表 7-1。

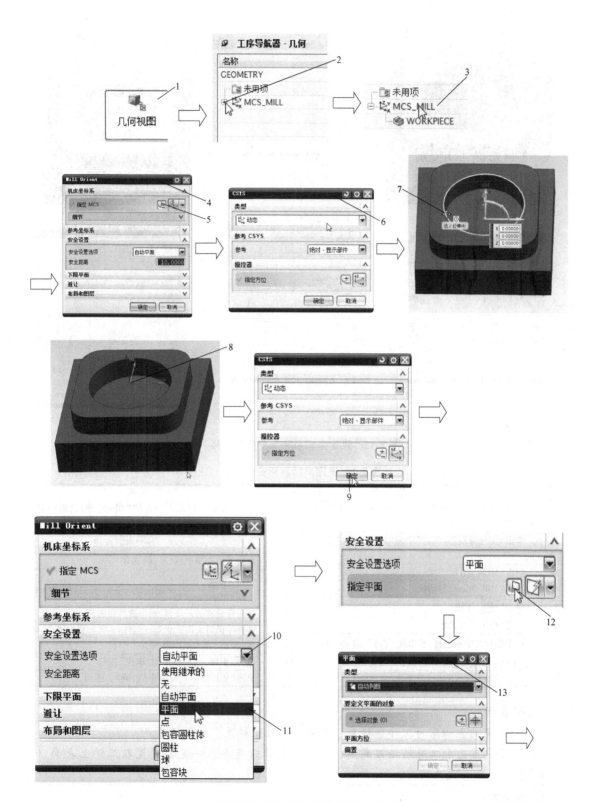

图 7-15 设定坐标系和安全高度

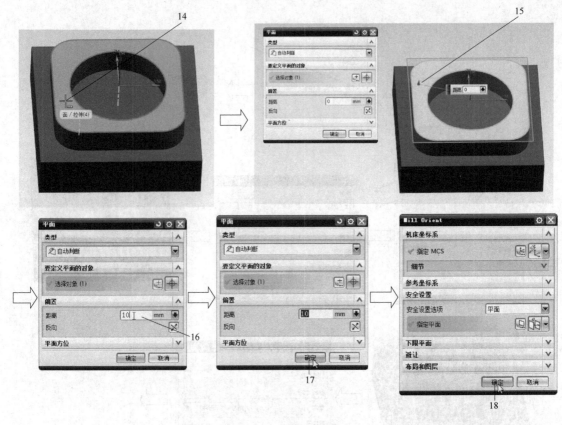

图 7-15 设定坐标系和安全高度（续）

表 7-1 设定坐标系和安全高度

序号	操作说明	序号	操作说明
1	单击"导航器"工具条上的"几何视图"图标,弹出"工序导航器-几何"对话框	9	单击"CSYS"对话框下方的"确定"按钮,返回到"Mill Orient"对话框
2	单击"工序导航器-几何"中的"MCS_MILL"前面的"＋"	10	单击"安全设置选项"后的"▼"按钮
		11	单击下拉选项中的"平面"选项
3	双击"MCS_MILL"	12	单击"⬚"按钮
4	出现"Mill Orient"对话框		
5	单击"⬚"按钮	13	出现"平面"对话框
6	出现"CSYS"对话框	14	将光标放在图示位置,单击选择该表面
7	将光标放在图示位置,当出现"⊕"(圆心)图标后,单击左键选择圆的中心点	15	选择平面后为图示状态,注意箭头方向指向上方
		16	在"距离"文本框中输入10
8	设定好如图所示的加工坐标系	17	单击"平面"对话框中的"确定"按钮
		18	单击"Mill Orient"对话框的"确定"按钮

温馨提示

1. 所设定的坐标系为工件坐标系,也称为编程坐标系,为编程原点。

2. 安全高度为加工时的抬刀高度,安全高度非常重要,一定要设置在工件上表面以上的位置,否则会发生撞刀。

4. 创建刀具

创建加工所用的刀具。按照图 7-16 所示步骤进行操作,具体说明见表 7-2。

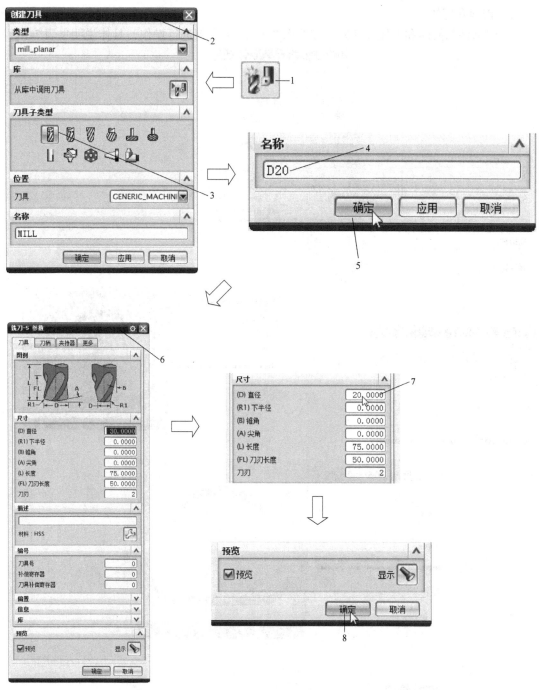

图 7-16 创建刀具

表 7-2 创建刀具

序号	操 作 说 明	序号	操 作 说 明
1	单击"刀片"工具条上的"创建刀具"图标	5	单击"确定"按钮
2	出现"创建刀具"对话框	6	弹出"铣刀-5 参数"对话框
3	单击刀具子类型中相应图标	7	在"直径"文本框内输入 20
4	输入刀具名称 D20	8	单击"确定"按钮

5. 创建几何体

创建部件几何体和毛坯几何体，按照图 7-17 所示步骤进行操作，具体说明见表 7-3。

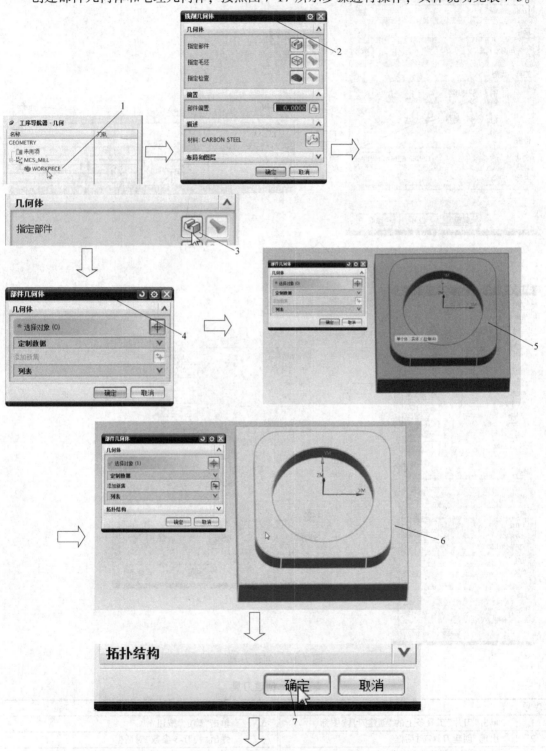

图 7-17　创建几何体

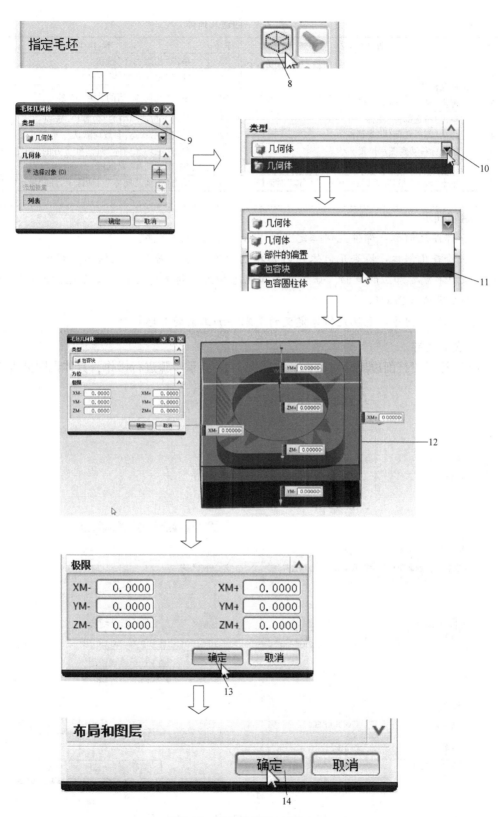

图7-17 创建几何体(续)

表7-3　创建几何体

序号	操 作 说 明	序号	操 作 说 明
1	双击 WORKPIECE 图标（WORKPIECE 工件几何体）	8	单击"指定毛坯"按钮
		9	弹出"毛坯几何体"对话框
2	弹出"铣削几何体"对话框	10	单击"几何体"后的"▼"按钮
3	单击"指定部件"图标	11	单击下拉选项中的"包容块"选项
4	弹出"部件几何体"对话框	12	出现图示状态，参数均默认
5	将光标移动到图示位置	13	单击"毛坯几何体"对话框下方的"确定"按钮，返回"铣削几何体"对话框
6	单击左键，选定部件几何体		
7	单击"确定"按钮，返回到"铣削几何体"对话框	14	单击"铣削几何体"对话框下方的"确定"按钮

温馨提示

1. 部件几何体：部件几何体定义的是加工完成后的零件。

2. 检查几何体：检查几何体是刀具在切削过程中要避让的几何体。指定检查几何体可以保护不需要加工的表面，如夹具和其他已加工过的重要表面。检查几何体也经常用于进行加工区域范围的限制。

3. 毛坯几何体：毛坯几何体定义的是零件加工前的毛坯材料。

6. 创建边界

（1）打开"铣削边界"对话框，按照图7-18所示步骤进行操作，具体说明见表7-4。

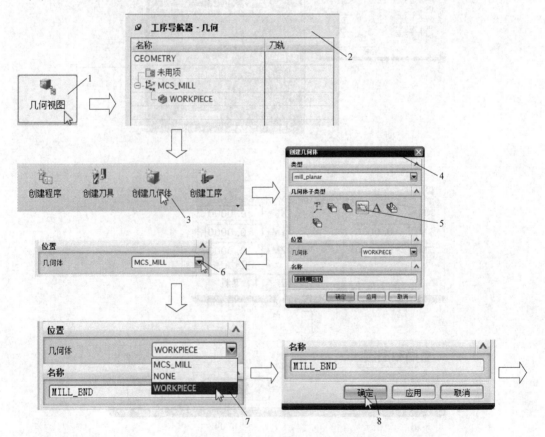

图7-18　打开"铣削边界"对话框

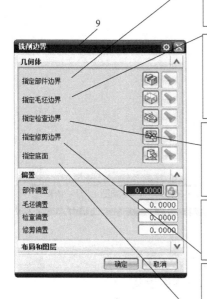

表示加工的零件轮廓，即描述加工完成的工件。部件边界用于控制刀具的运动范围，可以选择面、点、曲线和永久边界来定义。

表示被加工材料的范围边界。与零件边界的定义方法相似，但毛坯边界只能是封闭的，不能开放。加工的切削体积是由单个毛坯边界和多个部件边界指定的两个体积之差定义的。当部件边界和毛坯边界都定义时，系统将根据零件边界与毛坯边界共同定义刀具的运动范围，这样可以进一步地控制刀具的运动范围。

表示刀具不能碰撞的区域，即刀具必须避开的、不加工的区域，如工装夹具和压板等。在检查几何定义的区域不会产生刀具路径。当刀具碰到检查几何时，可以在检查边界的周围产生刀位轨迹，也可以产生退刀运动。

作用与检查边界相似，用来进一步控制刀具的运动范围，排除切削区域的部分面积，但是修剪边界在高度方向上是无限的，而检查边界只在其平面高度位置以下才起作用。修剪边界的定义方法与部件边界的定义方法是一样的。

用于指定在平面铣中刀具加工的最低平面位置。每一个操作必须且只能定义一个底面。定义底面后，系统沿刀轴扫掠部件、毛坯、检查和修剪边界到底面，以此定义部件和毛坯体积，以及加工时要避开的体积。

图 7-18　打开"铣削边界"对话框（续）

表 7-4　打开"铣削边界"对话框

序号	操 作 说 明	序号	操 作 说 明
1	单击"导航器"工具条上的"几何视图"图标	6	单击对话框中几何体右侧的"▼"图标
2	"工序导航器"被切换到几何视图显示状态		
3	单击"刀片"工具条上的"创建几何体"图标	7	选择下拉选项中的"WORKPIECE"选项
4	弹出"创建几何体"对话框	8	名称默认，单击"确定"按钮
5	单击"几何体子类型"中的"▦"图标	9	弹出"铣削边界"对话框

（2）创建边界，延续图 7-18 所示操作，按照如图 7-19 所示步骤进行操作，具体说明见表 7-5。

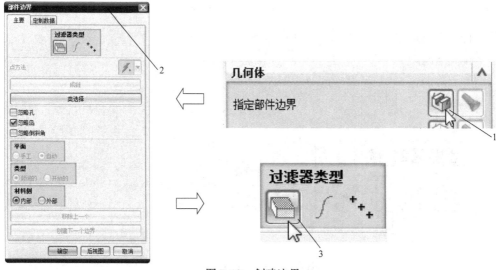

图 7-19　创建边界

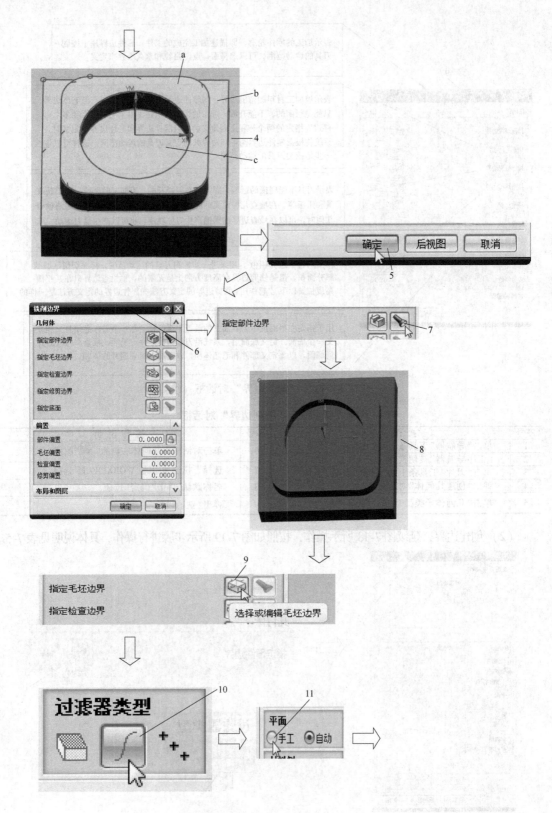

图7-19　创建边界（续）

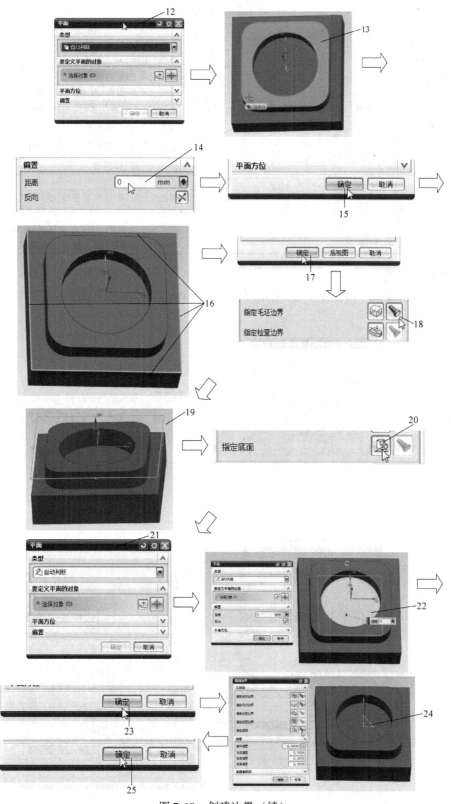

图 7-19　创建边界（续）

表 7-5　创建边界

序号	操作说明	序号	操作说明
1	在"铣削边界"对话框中单击"指定部件边界"右侧的" "图标	14	在"距离"文本框中输入 0
		15	单击"平面"对话框下方的"确定"按钮
2	弹出"部件边界"对话框	16	分别选取图示的四条边
3	单击图示图标,选择平面选项	17	单击"毛坯边界"对话框下方的"确定"按钮
4	选择图示的 3 个表面	18	单击"指定毛坯边界"右侧的" "图标
5	单击"确定"按钮	19	查看选定的毛坯边界
6	返回到"铣削边界"对话框	20	单击"指定底面"右侧的" "图标
7	单击"指定部件边界"右侧的" "图标	21	弹出"平面"对话框
8	查看选定的部件边	22	选择内圆底面
9	单击"指定毛坯边界"右侧的" "图标	23	单击"平面"对话框下方的"确定"按钮(距离文本框值为 0)
10	单击图示图标,选择"曲线边界"选项		
11	单击平面选项中的"手工"选项	24	选择的底面如图所示(三角形表示平面)
12	弹出"平面"对话框	25	单击"铣削边界"对话框下方的"确定"按钮
13	选择上表面		

7. 创建平面铣

（1）创建粗加工　按照图 7-20 所示步骤进行操作，具体说明见表 7-6。

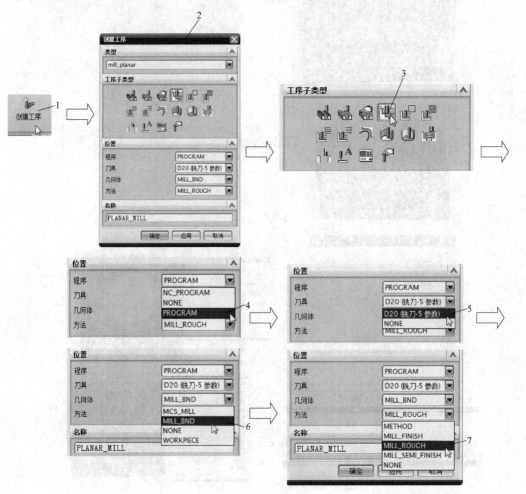

图 7-20　创建粗加工

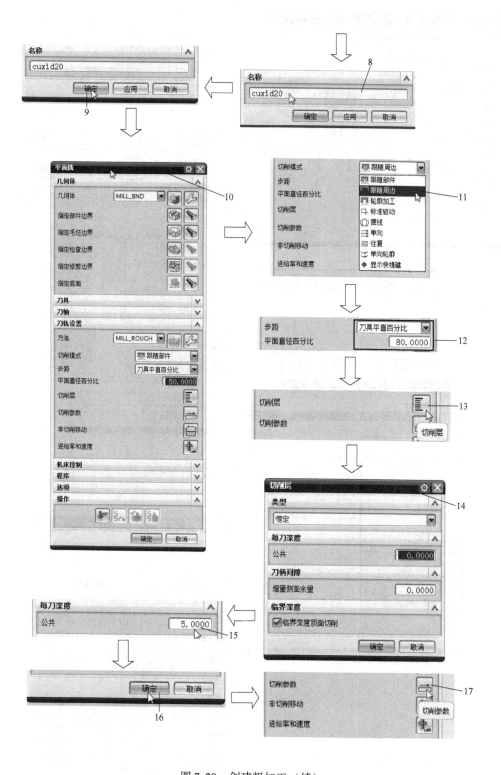

图7-20 创建粗加工（续）

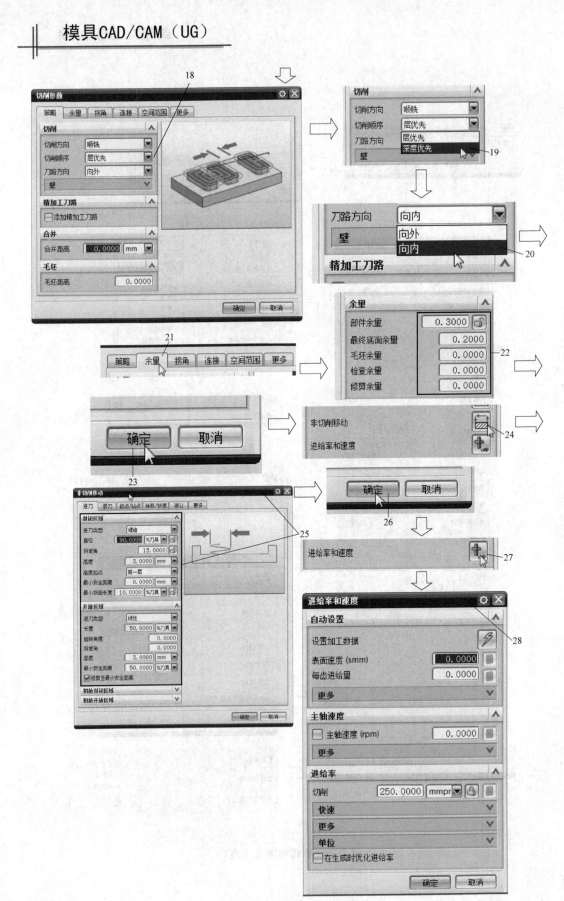

图 7-20　创建粗加工（续）

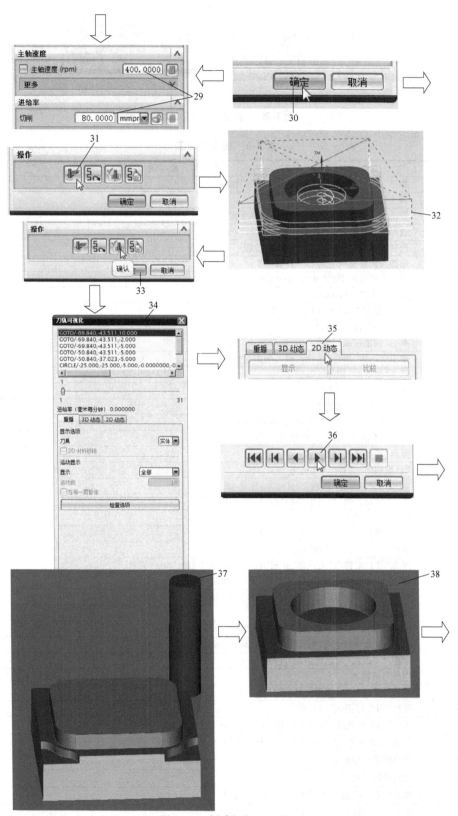

图 7-20 创建粗加工(续)

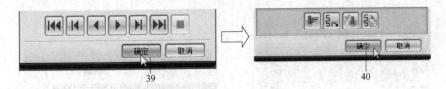

图 7-20　创建粗加工（续）

表 7-6　创建粗加工

序号	操　作　说　明
1	单击"刀片"工具条上的"创建工序"图标；
2	弹出"创建工序"对话框
3	在工序子类型中单击图示图标，选择平面铣
4	选择程序选项中的"PROGRAM"
5	选择刀具选项中的"D20（铣刀-5 参数）"
6	选择几何体选项中的"MILL_BND"
7	选择方法选项中的"MILL_ROUGH"
8	输入操作名称"cuxid20"
9	单击"创建工序"对话框中的"确定"按钮
10	弹出"平面铣"对话框
11	单击"切削模式"选项中的"跟随周边"选项
12	按图示选择"步距"选项和输入平面直径百分比 80
13	单击"切削层"图标
14	弹出"切削层"对话框
15	在"公共"文本框中输入 5
16	单击"切削层"对话框下方的"确定"按钮
17	单击"平面铣"对话框中的"切削参数"图标
18	弹出"切削参数"对话框
19	"切削顺序"选择"深度优先"
20	"刀路方向"选择"向内"
21	单击"切削参数"对话框中的"余量"选项卡
22	依照图示设置"余量"参数
23	单击"切削参数"对话框下方的"确定"按钮
24	单击"平面铣"对话框中的"非切削移动"图标
25	弹出"非切削移动"对话框，并按图示设置相关参数
26	单击"非切削移动"对话框下方的"确定"按钮
27	单击"平面铣"对话框中的"进给率和速度"图标
28	弹出"进给率和速度"对话框
29	按图示输入"主轴速度"400 和"切削"80
30	单击"进给率和速度"对话框下方的"确定"按钮
31	单击"平面铣"对话框中的"生成"图标
32	生成刀具轨迹
33	单击"平面铣"对话框中的"确认"图标
34	弹出"刀轨可视化"对话框
35	单击"刀轨可视化"对话框中的"2D 动态"按钮
36	单击"刀轨可视化"对话框中的"播放"按钮
37	刀具模拟切削画面
38	完成模拟切削
39	单击"刀轨可视化"对话框中的"确定"按钮
40	单击"平面铣"对话框中的"确定"按钮

（2）创建精加工 粗、精加工的参数设置大部分相同，所以精加工可以在粗加工的基础上进行修改而得到。按照图 7-21 所示步骤进行操作，具体说明见表 7-7。

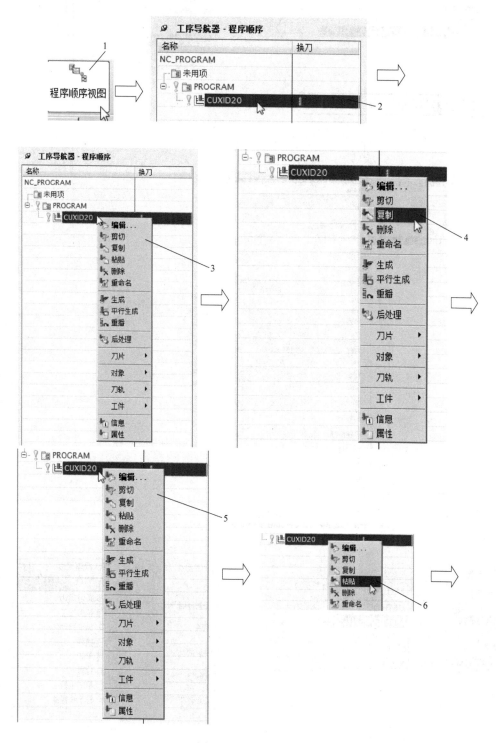

图 7-21 创建精加工

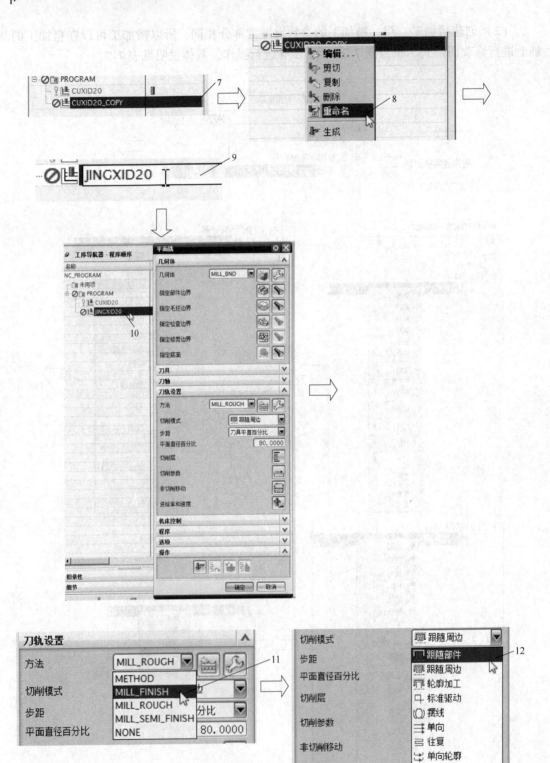

图 7-21　创建精加工（续）

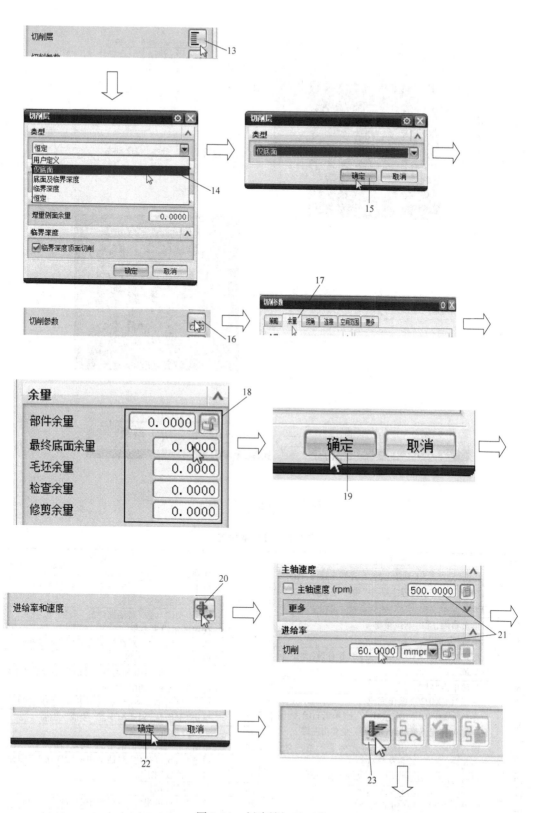

图 7-21 创建精加工（续）

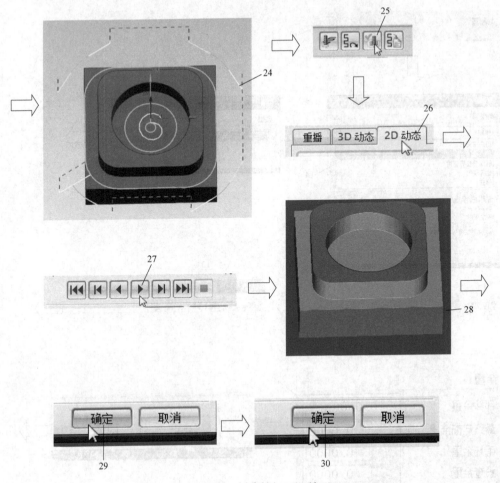

图 7-21　创建精加工（续）

表 7-7　创建精加工

序号	操作说明	序号	操作说明
1	单击"导航器"工具条上的"程序顺序视图"图标	14	在弹出的"切削层"对话框中选择"仅底面"
2	在"工序导航器-程序顺序"中单击选中"CUX-ID20"	15	单击"切削层"对话框下方的"确定"按钮
		16	单击"切削参数"图标
3	单击右键，弹出下拉菜单	17	选择"切削参数"对话框中的"余量"选项卡
4	单击"复制"	18	按照图示设置余量
5	将光标放在"CUXID20"上，单击右键，弹出下拉菜单	19	单击"切削参数"对话框下方的"确定"按钮
		20	单击"进给率和速度"图标
6	左键单击"粘贴"	21	在弹出的"进给率和速度"对话框中设置"主轴速度"为500和"切削"为60
7	复制"CUXID20"操作完成		
8	将光标放在"CUXID20_COPY"上，单击右键，弹出下拉菜单，将光标移动到"重命名"处单击左键	22	单击"进给率和速度"对话框下方的"确定"按钮
		23	单击"平面铣"对话框中的"生成"图标
		24	生成刀具轨迹
9	输入名称"JINGXID20"，将光标置于空白处，单击左键，完成"重命名"操作	25	单击"平面铣"对话框中的"确认"图标
		26	单击"刀轨可视化"对话框中的"2D 动态"图标
10	双击"JINGXID20"打开"平面铣"对话框	27	单击"播放"按钮
11	"方法"选择"MILL_FINISH"	28	完成模拟切削
12	"切削模式"选择"跟随部件"	29	单击"刀轨可视化"对话框中的"确定"按钮
13	单击"切削层"图标	30	单击"平面铣"对话框下方的"确定"按钮

8. 后处理

CAM 过程的最终目的是生成一个数控机床可以识别的代码程序。数控机床的所有运动和操作是执行特定的数控指令的结果，完成一个零件的数控加工一般需要连续执行一连串的数控指令（即数控程序）。UG NX 生成刀轨产生的是刀位 CLSF 文件，需要将其转化成 NC 文件，成为数控机床可以识别的 G 代码文件。NX 软件通过 UG/POST，将产生的刀具路径转换成指定的机床控制系统所能接收的加工指令。

下面以 CUXID20 数控程序的创建为例，介绍应用 UG NX 8.0 生成数控程序的步骤。按照图 7-22 所示步骤进行操作，具体说明见表 7-8。

JINGXID20 程序的生成过程与 CUXID20 一致。

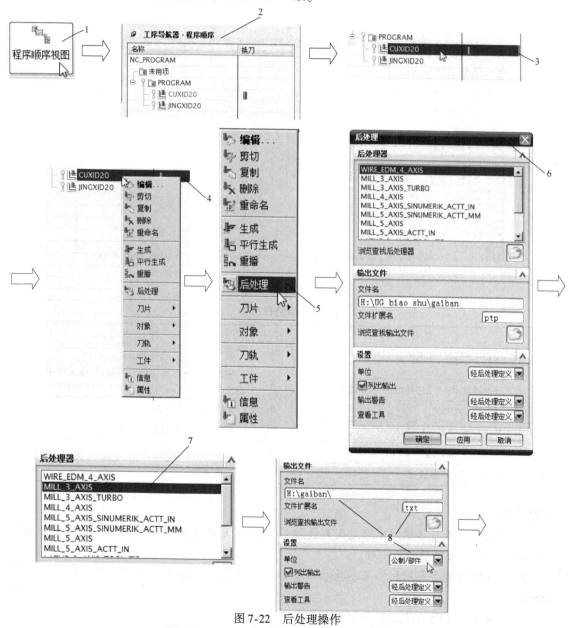

图 7-22　后处理操作

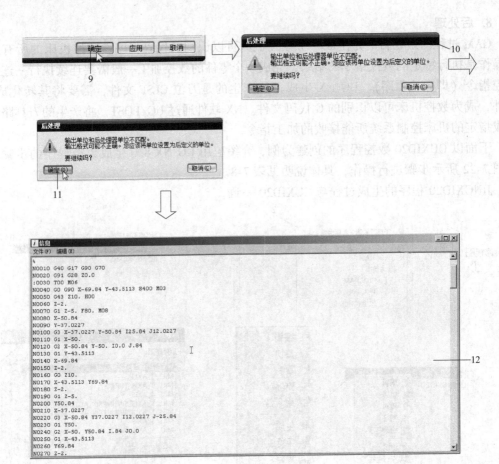

图 7-22　后处理操作（续）

表 7-8　后处理操作

序号	操作说明	序号	操作说明
1	单击"导航器"工具条上的"程序顺序视图"图标	7	在"后处理器"选择"MILL_3_AXIS"
2	导航器显示在"工序导航器-程序顺序"页面	8	按照图示选择程序的存放路径，输入程序文件的文件扩展名"txt"，选择单位"公制\部件"
3	选择"CUXID20"	9	单击"后处理"对话框下方的"确定"按钮
4	单击右键，弹出下拉菜单	10	弹出"后处理"警告对话框
5	左键单击"后处理"	11	单击"确定"按钮
6	弹出"后处理"对话框	12	生成程序

温馨提示

1. 后处理警告对话框的出现是因为使用了 UG NX 8.0 自带的后处理器，该后处理器的单位和我们设置的单位不一致。

2. 实际使用时要采用和机床参数相匹配的后处理器，否则程序有可能不能用于机床的加工。

3. 所使用机床的后处理器要按照实际机床参数单独制作。

任务3 凸台型腔铣削加工

学习目标

1. 掌握型腔铣削加工参数的设置方法。
2. 掌握型腔铣削粗、精加工的操作方法。

任务描述

铣削加工出图 7-23 所示零件上的方形凸台，其余部分已加工完成。零件毛坯尺寸为 $120 \times 120 \times 65$。

工艺分析

（1）装夹方式　用平口钳装夹，工件高出钳口 52mm 以上。
（2）选择刀具　选择 ϕ20mm 直柄立铣刀。
（3）利用型腔铣削对加工部位进行粗加工。

任务实施

1. 打开模型

单击"打开"按钮，弹出的对话框如图 7-24 所示，默认"部件文件"类型，找到"fangxingtutai. prt"文件，单击 OK 按钮。

图 7-23　型腔铣削加工模型

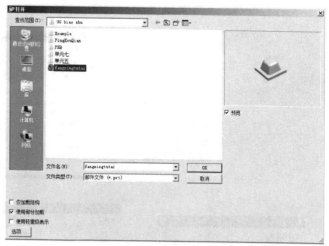

图 7-24　"打开"对话框

2. 进入"加工"应用模块

单击"开始"按钮，在下拉菜单中单击"加工"，进入加工模块，如图 7-25 所示。然后系统自动弹出"加工环境"设置对话框，如图 7-26 所示选择相应选项，单击"确定"按钮完成"加工环境"的设置。

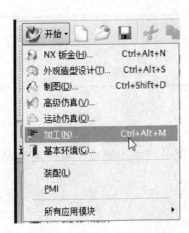

图 7-25　进入"加工"模块　　　　图 7-26　"加工环境"的设置

3. 设定坐标系和安全高度

按照图 7-27 所示步骤进行操作，具体说明见表 7-9。

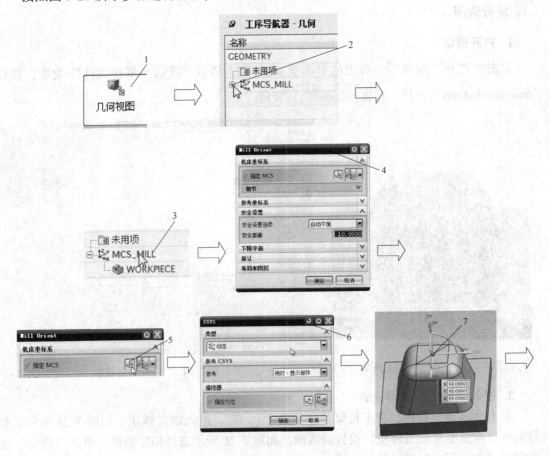

图 7-27　设定坐标系和安全高度

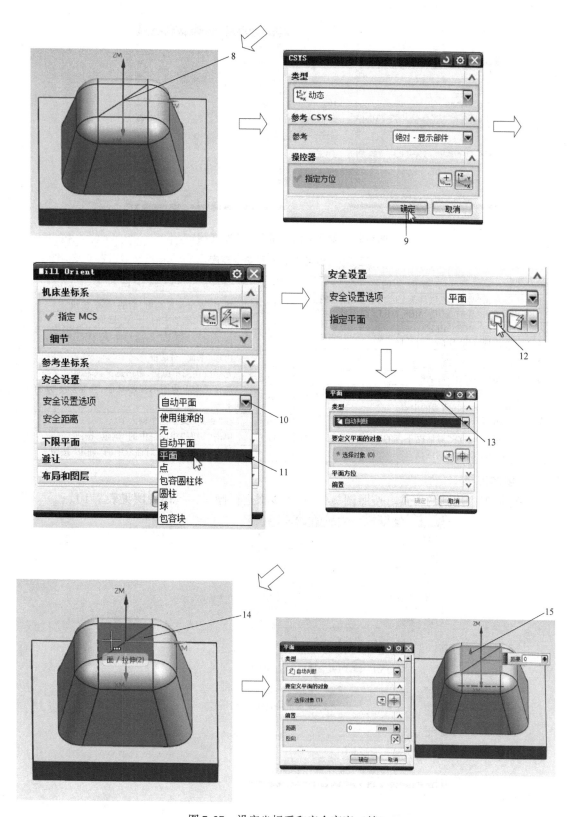

图 7-27 设定坐标系和安全高度（续）

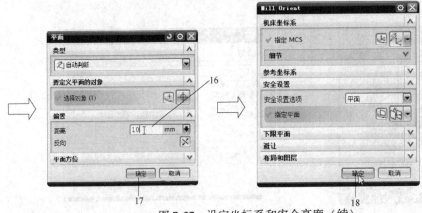

图7-27　设定坐标系和安全高度（续）

表7-9　设定坐标系和安全高度

序号	操作说明	序号	操作说明
1	单击"导航器"工具条上的"几何视图"图标	10	单击"安全设置选项"后的"▼"按钮
2	单击"导航器"里"MCS_MILL"前面的"＋"	11	单击下拉选项中的"平面"选项
3	双击"MCS_MILL"		
4	出现"Mill Orient"对话框	12	单击图示"🖵"按钮
5	单击图示"🔧"按钮	13	出现"平面"对话框
6	出现"CSYS"对话框	14	光标放在图示位置，单击选择该表面
7	将光标放在图示位置，当出现"中点"图标后，单击左键选择直线的中点	15	选择平面后为图示显示状态、注意箭头方向指向上方
8	设定好加工坐标系	16	在"距离"文本框中输入10
9	单击"CSYS"对话框下方的"确定"按钮，返回到"Mill Orient"对话框	17	单击"平面"对话框中的"确定"按钮
		18	单击"Mill Orient"对话框中的"确定"按钮

4. 创建刀具

创建加工中用到的刀具。按照图7-28所示步骤进行操作，具体说明见表7-10。

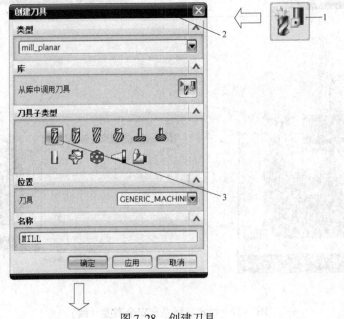

图7-28　创建刀具

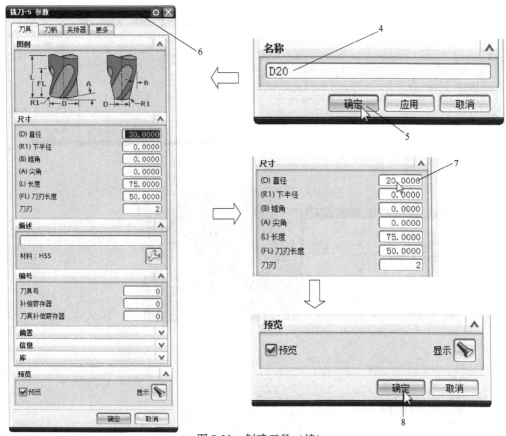

图 7-28　创建刀具（续）

表 7-10　创建刀具

序号	操作说明	序号	操作说明
1	单击"刀片"工具条上的"创建刀具"图标	5	单击"确定"按钮
2	出现"创建刀具"对话框	6	弹出"铣刀-5 参数"对话框
3	单击刀具子类型中相应按钮	7	在"直径"文本框内输入 20
4	输入刀具名称 D20	8	单击"确定"按钮

5. 创建几何体

创建部件几何体和毛坯几何体，按照图 7-29 所示步骤进行操作，具体说明见表 7-11。

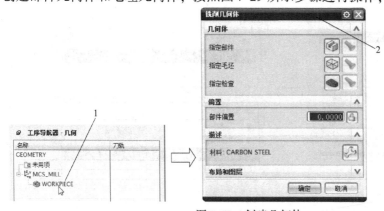

图 7-29　创建几何体

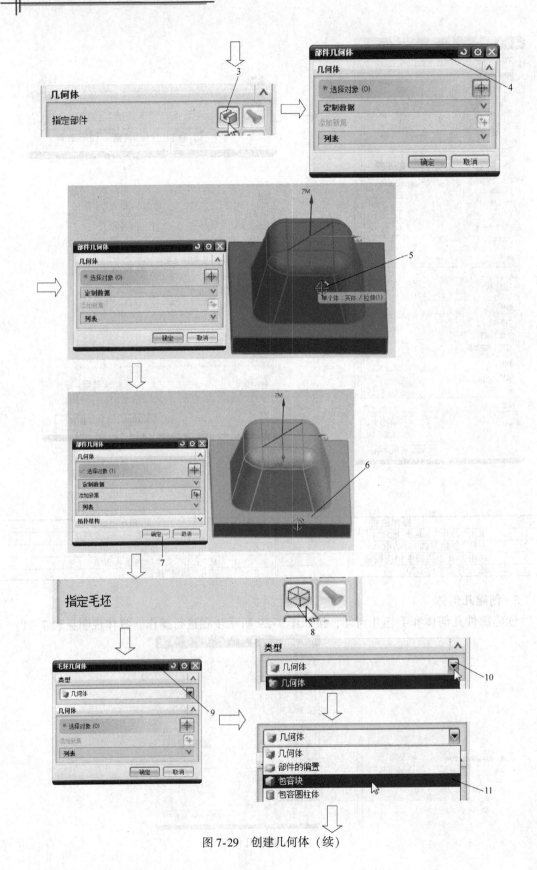

图 7-29　创建几何体（续）

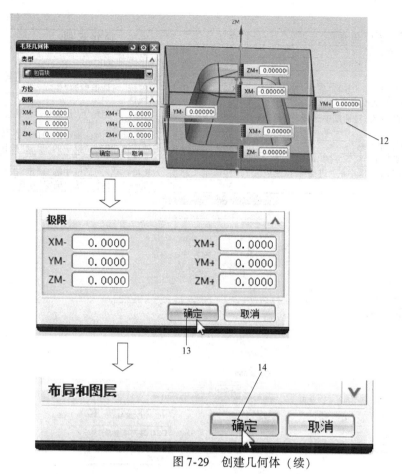

图7-29 创建几何体（续）

表7-11 创建几何体

序号	操作说明	序号	操作说明
1	双击" WORKPIECE "（WORKPIECE 工件几何体）	8	单击"指定毛坯"左上角按钮
		9	弹出"毛坯几何体"对话框
2	弹出"铣削几何体"对话框	10	单击"几何体"后的" ▼ "按钮
3	单击"指定部件"左上角图标		
4	弹出"部件几何体"对话框	11	单击下拉选项中的"包容块"选项
5	将光标移动到图示位置	12	出现图示状态,参数均为默认
6	单击左键,选定部件几何体	13	单击"毛坯几何体"对话框下方的"确定"按钮,返回"铣削几何体"对话框
7	单击"确定"按钮,返回到"铣削几何体"对话框		
		14	单击"铣削几何体"对话框下方的"确定"按钮

6. 创建型腔铣

创建型腔铣,按照图7-30所示步骤进行操作,具体说明见表7-12。

表7-12 创建型腔铣

序号	操作说明	序号	操作说明
1	单击"刀片"工具条上的"创建工序"图标	6	输入操作名称"CUJIAGONG"
2	弹出"创建工序"对话框	7	单击"创建工序"对话框中的"确定"按钮
3	程序选择"PROGRAM"	8	弹出"型腔铣"对话框
4	刀具选择"D20(铣刀-5 参数)"	9	按图示选择各参数
5	几何体选择"WORK PIECE"	10	单击"切削层"图标

（续）

序号	操作说明	序号	操作说明
11	弹出"切削层"对话框	20	弹出"进给率和速度"对话框，按图示输入"主轴速度800"和"切削400"
12	"范围类型"选择"用户定义"		
13	单击捕捉点	21	单击"进给率和速度"对话框下方的"确定"按钮
14	单击"切削层"对话框下方的"确定"按钮	22	单击"型腔铣"对话框中的"生成"图标
15	单击"型腔铣"对话框中的"切削参数"图标	23	生成刀具轨迹
16	在弹出的"切削参数"对话框中选择"余量"选项卡	24	单击"型腔铣"对话框中的"确认"图标
		25	弹出"刀轨可视化"对话框
17	按照图示设置余量参数	26	单击"刀轨可视化"对话框中的"2D 动态"按钮
18	单击"切削参数"对话框下方的"确定"按钮	27	单击"刀轨可视化"对话框中的"播放"按钮
19	单击"型腔铣"对话框中的"进给率和速度"图标	28	完成模拟切削
		29	单击"刀轨可视化"对话框中的"确定"按钮
		30	单击"型腔铣"对话框中的"确定"按钮

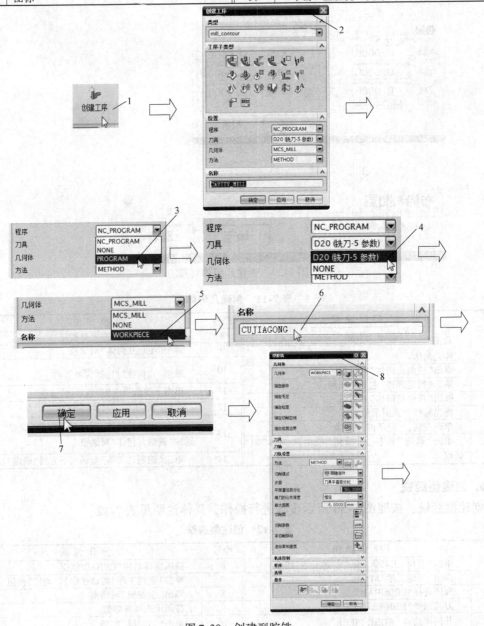

图 7-30　创建型腔铣

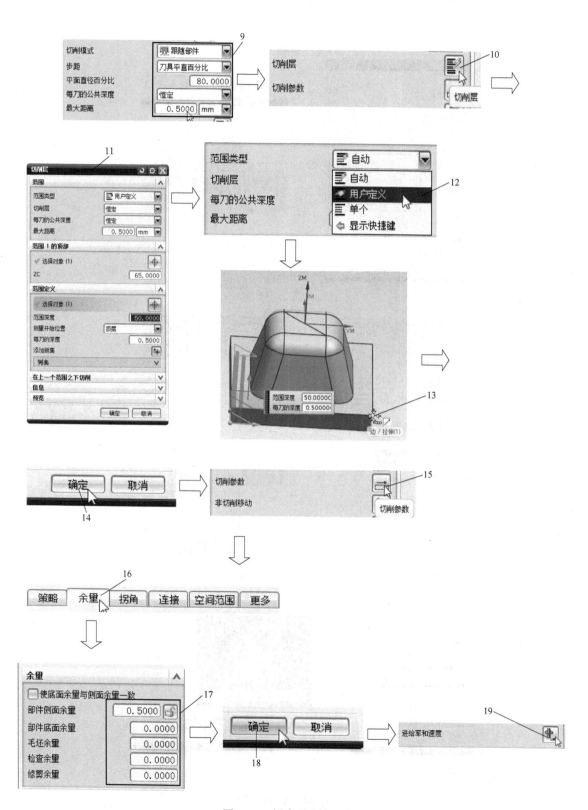

图7-30 创建型腔铣（续）

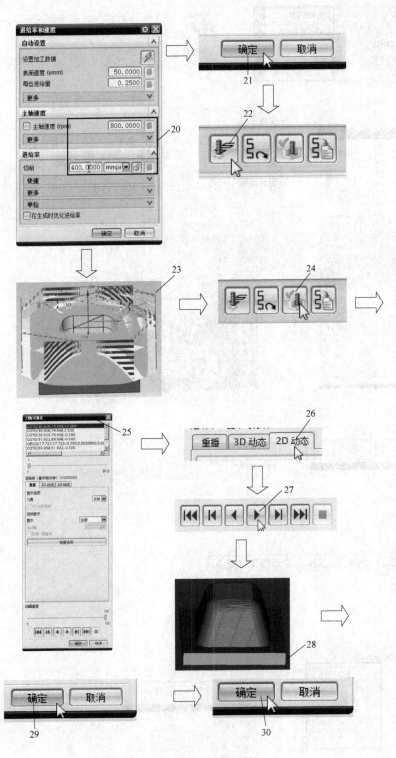

图 7-30　创建型腔铣（续）

任务4　凸台等高轮廓铣削加工

学习目标

1. 掌握等高轮廓铣加工参数的设置方法。
2. 掌握等高轮廓铣进行精加工的操作方法。

任务描述

精铣图 7-31 所示零件上的方形凸台，在任务 3 对型腔进行了粗加工的基础上，应用等高轮廓铣进行精加工。

图 7-31　等高轮廓铣精加工模型

工艺分析

（1）装夹方式　用平口钳装夹，工件高出钳口 52mm 以上。

（2）选择刀具　选择 φ20mm 直柄立铣刀。

（3）在进行了粗加工的基础上应用等高轮廓铣进行精加工。

任务实施

在任务 3 完成粗加工的基础上进行以下的操作。

1. 创建刀具

创建加工所用的刀具。按照图 7-32 所示步骤进行操作，具体说明见表 7-13。

表 7-13　创建刀具

序号	操作说明
1	单击"刀片"工具条上的"创建刀具"图标
2	弹出"创建刀具"对话框，按照图示选择刀具子类型并输入刀具名称"D10R5"
3	单击"确定"按钮
4	弹出"铣刀-球头刀"对话框，在"球直径"文本框内输入 10
5	单击"确定"按钮

2. 创建等高轮廓铣

创建精加工操作，按照图 7-33 所示步骤进行操作，具体说明见表 7-14。

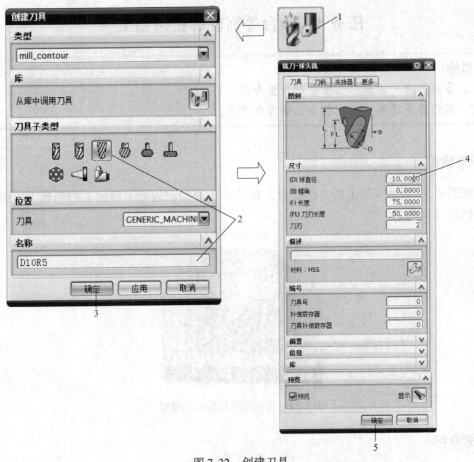

图 7-32　创建刀具

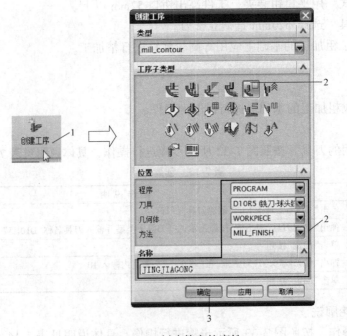

图 7-33　创建等高轮廓铣

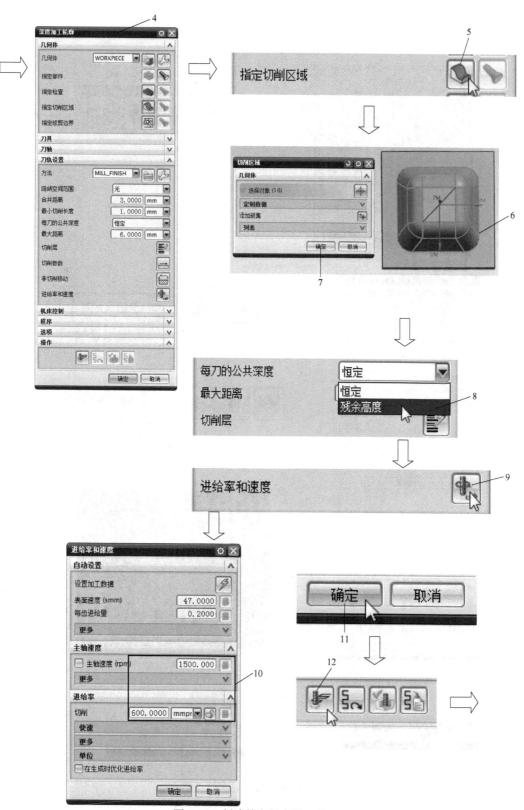

图 7-33　创建等高轮廓铣（续）

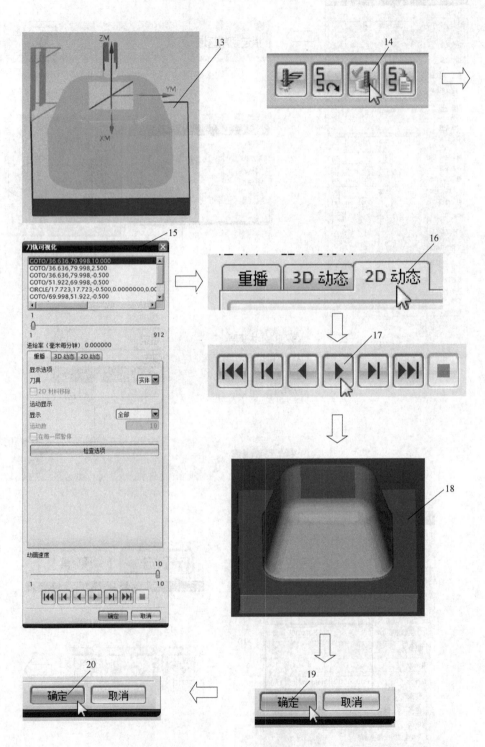

图 7-33　创建等高轮廓铣（续）

表 7-14 创建等高轮廓铣

序号	操 作 说 明	序号	操 作 说 明
1	单击"刀片"工具条上的"创建工序"图标	10	弹出"进给率和速度"对话框,按图示输入"主轴速度"1500 和"切削"600
2	弹出"创建工序"对话框,按照图示选择工序子类型" "再依次选择程序、刀具、几何体、方法选项,然后输入名称"JINGJIAGONG"	11	单击"进给率和速度"对话框下方的"确定"按钮
		12	单击"深度加工轮廓"对话框中的"生成"图标
		13	生成刀具轨迹
3	单击"创建工序"对话框中的"确定"按钮	14	单击"深度加工轮廓"对话框中的"确认"图标
4	弹出"深度加工轮廓"对话框	15	弹出"刀轨可视化"对话框
5	单击"指定切削区域"图标	16	单击"刀轨可视化"对话框中的"2D 动态"按钮
6	按照图示选择加工表面,选中凸台所有表面	17	单击"刀轨可视化"对话框中的"播放"按钮
7	单击"切削区域"对话框下方的"确定"按钮	18	完成模拟切削
8	按图示选择每刀的公共深度为"残余高度"	19	单击"刀轨可视化"对话框中的"确定"按钮
9	单击"深度加工轮廓"对话框中的"进给率和速度"图标	20	单击"深度加工轮廓"对话框中的"确定"按钮

练习题

1. 打开资源包中的文件"exercise \ 7 \ xiti1. prt",如图 7-34 所示。创建平面铣操作,完成零件的粗、精加工。

2. 打开资源包中的文件"exercise \ 7 \ xiti2. prt",如图 7-35 所示。创建型腔铣操作和等高轮廓铣操作,完成零件的粗、精加工。

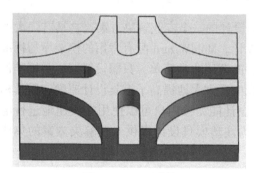

图 7-34 xiti1 零件

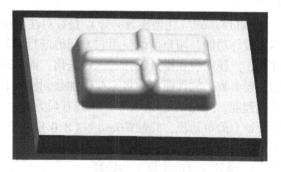

图 7-35 xiti2 零件

单元 8   注塑模具设计

8

任务 1   了解 UG NX 8.0 模具设计

> **学习目标**
> 1. 了解 UG NX 8.0 注塑模设计功能。
> 2. 了解 UG NX 8.0 注塑模设计的操作界面。
> 3. 了解 UG NX 8.0 注塑模设计的操作步骤。

相关知识

MoldWizard（注塑模具向导）是针对注塑模具设计的一个专业解决方案，它具有强大的模具设计功能，用户可以使用它方便地进行模具设计。MoldWizard 配有常用的模架库与标准件库，方便用户在模具设计过程中选用，而标准件的调用非常简单，只需设置好相关标准件的关键参数，软件便自动将标准件加载到模具装配中，大大地提高了模具设计速度和模具标准化程度。MoldWizard NX 8.0 还具有强大的电极设计能力，用户可以使用它快速地进行电极设计。简单地说，MoldWizard NX 8.0 是一个专为注塑模具设计提供专业解决方案的集成于 UG NX 8.0 的功能模块。

1. 模具设计的主要工作阶段

使用 MoldWizard NX 8.0 进行模具设计的主要工作阶段如下：

（1）模具设计准备阶段

1）装载产品模型：加载需要进行模具设计的产品模型，并设置有关的项目单位、文件路径、成型材料及收缩率等。

2）设置模具坐标系：在进行模具设计时需要定义模具坐标系，模具坐标系与产品坐标系不一定一致。

3）设置产品收缩率：注塑成型时，产品会产生一定量的收缩，为了补偿这个收缩率，在模具设计时应设置产品收缩率。

4）设定模坯尺寸：在 MoldWizard 中，模坯称为工件，就是分型之前的型芯与型腔部分。

5）设置模具布局：对于多腔模或多件模，需要进行模具布局的设计。

（2）分型阶段

1）修补孔：对模具进行分型前，需先修补模型的靠破位，包括各类孔、槽等特征。

2）模型验证（MPV）：验证产品模型的可制模性，识别型腔与型芯区域，并分配未定义区域到指定侧。

3）构建分模线：创建产品模型的分型线，为下一步分型面的创建作准备。

4）建立分模面：根据分型线创建分型面。

5）抽取区域：提取出型芯与型腔区域，为分型作准备。

6）建立型芯和型腔：分型——创建出型芯与型腔。

（3）加载标准件阶段

1）加载标准模架：MoldWizard NX 8.0 提供了常用的标准模架库，用户可从中选择合适的标准模架。

2）加载标准件：为模具装配加载各类标准件，包括顶杆、螺钉、销钉、弹簧等，可直接从标准件库中调用。

3）加载滑块、斜顶等抽芯机构：适用于有侧抽芯或内抽芯的模具结构，可以通过标准件库来建立这些机构。

（4）浇注系统与冷却系统设计阶段

1）设计浇口：MoldWizard 提供了各类浇口的设计向导，用户可通过相应的向导快速完成浇口的设计。

2）设计流道：MoldWizard 提供了各类流道的设计向导，用户可通过相应的向导快速完成流道的设计。

3）设计冷却水道：MoldWizard 提供了冷却水道的设计向导，用户可通过相应的向导快速完成冷却水道的设计。

（5）完成模具设计的其余阶段

1）对模具部件建腔：在模具部件上挖出空腔位，放置有关的模具部件。

2）设计型芯、型腔镶件：为了方便加工，将型芯和型腔上难加工的区域做成镶件形式。

3）电极设计阶段：该阶段主要是创建电极和出电极工程图，可以使用 MoldWizard 提供的电极设计向导快速完成电极的设计。

4）生成材料清单：创建模具零件的材料列表清单。

5）出零件工程图：出模具零件的工程图，供零件加工时使用。

2. MoldWizard 设计过程

MoldWizard 的设计是以产品模型为基础的，然后按照 MoldWizard 工具条的流程一步一步地定义相关的设计，最后完成模具的设计工作。UG NX 8.0 具有强大的数据接口能力，所以在使用 MoldWizard 进行模具设计时可以直接读取 Pro/E、CATIA 等软件的数据，可以大大减少模型修复的时间。MoldWizard 的设计工作流程如图 8-1 所示。

3. MoldWizard 工具条简介

MoldWizard 的常用工具条如图 8-2 所示，可以简单地说，使用 MoldWizard 设计模具的过程就是按照其菜单流程来进行的，只要在设计过程中定义好相关参数，模具的很多设计工作均会自动完成，从而大大降低了模具设计的工作强度，提高了模具设计速度。

下面对 MoldWizard 各个图标的功能作简要说明，方便读者理解模具设计的流程和每个

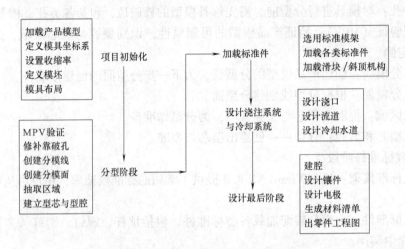

图 8-1　MoldWizard 的设计工作流程

图 8-2　MoldWizard 的常用工具条

图标的功能。

1）🔳（初始化项目）：加载产品模型，它是模具设计的第一步。

2）🔲（多腔模设计）：适用于要成型不同产品时的多腔模具。

3）🔳（模具 CSYS）：使用该图标可以方便地设置模具坐标系，因为所加载进来的产品坐标系与模具坐标系不一定相符，这样就需要调整坐标系。

4）🔳（收缩率）：由于产品注塑成型后会产生一定程度的收缩，因此需要设定一定的收缩率来补偿由于产品收缩而产生的误差。

5）🔳（工件）：依据产品的形状设置合理的工件，分型后成为型芯和型腔。

6）🔳（型腔布局）：适用于成型同一种产品时模腔的布置。

7）🔳（注塑模工具）：使用该工具可以方便地对模型进行修补孔等操作。单击该图标，会弹出如图 8-3 所示的工具条。

8）🔳（模具分型工具）：使用该工具可以进行 MPV 分析、建立与编辑分型线、创建过渡对象、创建与编辑分型面、抽取区域、创建型芯与型腔等操作。

9）🔳（模架库）：MoldWizard NX 8.0 为用户提供了各种常用标准模架，主要有 DME、

图 8-3 工具条

FUTABA、HASCO、LKM 等公司的标准模架库，在模具设计时用户可以根据需要选用合适的模架。

10）（标准部件库）：MoldWizard 为用户提供各种标准件库，方便用户调用，主要是通过选择类型和修改关键尺寸来完成标准件的定义。

11）（顶杆后处理）：主要是用来对加载的标准顶杆进行后处理，即将顶杆修剪到合适的尺寸。

12）（滑块和浮升销库）：根据模具结构定义相应的滑块类型，只要把滑块的主要参数定义好，系统自动在模具中装配滑块。

13）（子镶块库）：为了模具加工的方便，使用该功能可在型腔或型芯中拆分出成型镶件。

14）（浇口库）：MoldWizard 为用户提供了各种常用浇口的设计，用户可以通过相应的向导来设计模具的浇口。

15）（流道）：这是 MoldWizard 专门为用户提供的流道设计向导，只要定义好流道路径和流道截面，MoldWizard 就自动生成流道。

16）（模具冷却工具）：模具设计需要设计运水来冷却模具与产品，用户可以使用该向导方便地进行运水的设计。

17）（电极）：这是模具设计中的电极设计向导，只要指定放电区域及电极的基本参数，MoldWizard 将自动生成电极。

18）（修边模具组件）：使用该工具，用户可以方便地将模具零件修剪到指定位置。

19）（腔体）：该工具用来在模具部件中建立空腔。

20）（物料清单）：依据该向导，可以快速生成 BOM（材料清单）报表。

21）（装配图纸）：用于创建模具工程图。与一般零件的工程图类似，也可添加不同的视图和截面图等。

22）（视图管理器）：对模具中各部件的显示模式进行管理，方便用户查看。

任务2　设计按钮模具

学习目标

1. 掌握 UG NX 8.0 中注塑模向导进行模具设计的一般流程。
2. 掌握注塑模向导工具条常用工具的应用。

 任务描述

设计图 8-4 所示按钮零件的注塑模具。

 任务实施

零件 CAD 模型已制作完成，文件名为 anniu.prt.

1. 初始化项目

初始化项目是 UG NX 8.0 中使用注射模向导设计模具的源头，其作用是把产品模型装配到模具模块中，它在模具设计中起着非常关键的作用。此项操作会直接影响到模具设计的后续工作，所以在初始化项目前应仔细分析产品模型的结构并确定材料。下面介绍初始化项目的一般操作过程。

按照图 8-5 所示步骤进行操作，具体说明见表 8-1。

图 8-4　按钮

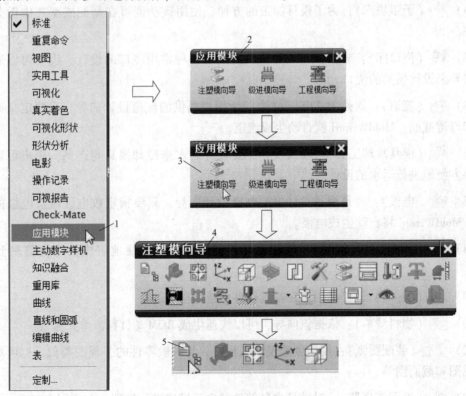

图 8-5　初始化项目操作步骤

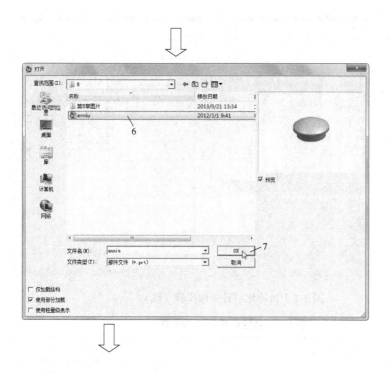

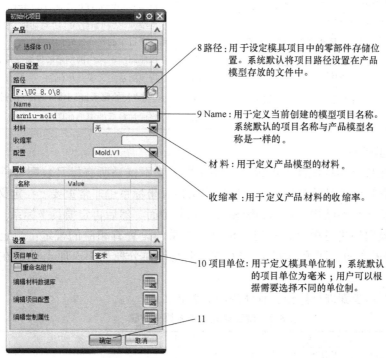

8 路径：用于设定模具项目中的零部件存储位置。系统默认将项目路径设置在产品模型存放的文件中。

9 Name：用于定义当前创建的模型项目名称。系统默认的项目名称与产品模型名称是一样的。

材料：用于定义产品模型的材料。

收缩率：用于定义产品材料的收缩率。

10 项目单位：用于定义模具单位制，系统默认的项目单位为毫米；用户可以根据需要选择不同的单位制。

图 8-5　初始化项目操作步骤（续）

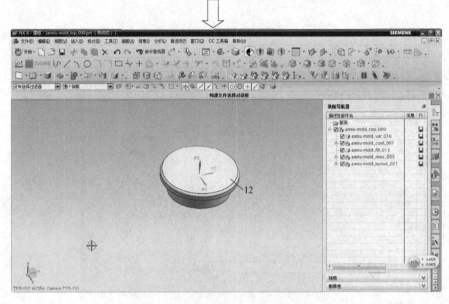

图 8-5 初始化项目操作步骤（续）

表 8-1 初始化项目操作步骤

序号	操作说明	序号	操作说明
1	进入 UG NX 8.0 初始化界面，在工具条中右键单击，此时系统弹出快捷菜单，选择"应用模块"	6	在弹出的"打开"对话框中选择"anniu"文件
		7	单击"打开"对话框中的"OK"按钮
2	系统弹出"应用模块"工具条	8	系统弹出"初始化项目"对话框，按照图示设定模具项目中的零部件存储位置
3	单击"应用模块"工具条上的"注塑模向导"按钮		
		9	按照图示定义当前创建的模型项目名称
4	系统弹出"注塑模向导"工具条	10	按照图示定义模具单位制
5	单击"注塑模向导"工具条上的"初始化项目"按钮	11	单击"初始化项目"中的"确定"按钮
		12	完成加载后的模型如图所示

2. 设定模具坐标系

模具坐标系在整个模具设计中的地位非常重要，它不仅是所有模具装配部件的参考基准，而且还直接影响到模具的结构设计，所以定义模具坐标系也非常重要。在定义模具坐标系前，首先要分析产品的结构、产品的脱模方向和分型面，然后再定模具坐标系。

在应用注塑模向导进行模具设计时，模具坐标系的设置有相应的规定：规定坐标系的 +Z 轴方向表示开模方向，即顶出方向，XC-YC 平面设在分模面上，原点设定在分型面的中心。

按照图 8-6 所示步骤进行操作，具体说明见表 8-2。

表 8-2 设定模具坐标系操作步骤

序号	操作说明	序号	操作说明
1	单击"注塑模向导"工具条上的"模具 CSYS"按钮	3	选择"当前 WCS"
2	系统弹出"模具 CSYS"对话框	4	单击"确定"按钮

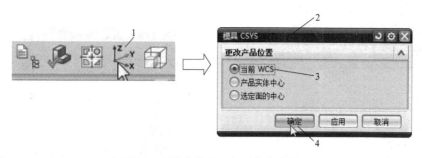

图 8-6　设定模具坐标系操作步骤

3. 设置收缩率

按照图 8-7 所示步骤进行操作，具体说明见表 8-3。

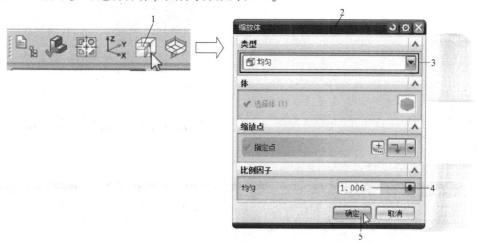

图 8-7　设置收缩率

表 8-3　设置收缩率

序号	操 作 说 明
1	单击"注塑模向导"工具条上的"收缩率"按钮
2	系统弹出"缩放体"对话框
3	在"缩放体"对话框的类型下拉列表中选择"均匀"
4	比例因子设置为"1.006"
5	单击"确定"按钮

4. 创建模具工件

工件也叫毛坯，是直接参与产品成型的零件，也是模具中最核心的零件。它用于成型模具中的型腔和型芯实体，工件的尺寸以零件外形尺寸为基础在各个方向都增加，因此在设计工件尺寸时要考虑到型腔和型芯的尺寸，通常采用经验数据或者查阅有关手册来获取接近的工件尺寸。

按照图 8-8 所示步骤进行操作，具体说明见表 8-4。

表 8-4　创建模具工件

序号	操 作 说 明	序号	操 作 说 明
1	单击"注塑模向导"工具条上的"工件"按钮	4	单击"工件"对话框的"确定"按钮
2	系统弹出"工件"对话框	5	创建后的模具工件如图所示
3	在"工件"对话框的类型下拉菜单中选择"产品工件"		

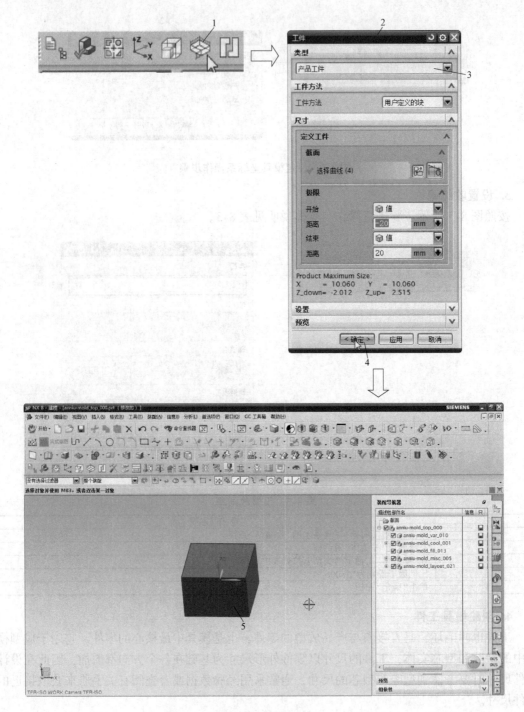

图 8-8　创建模具工件

5. 模具分型

（1）设计区域　通过分型工具可以完成模具设计中的很多重要工作，包括对产品模型分析、分型线的创建和编辑、分型面的创建和编辑、型芯和型腔的创建以及设计变更等。

按照图 8-9 所示步骤进行操作，具体说明见表 8-5。

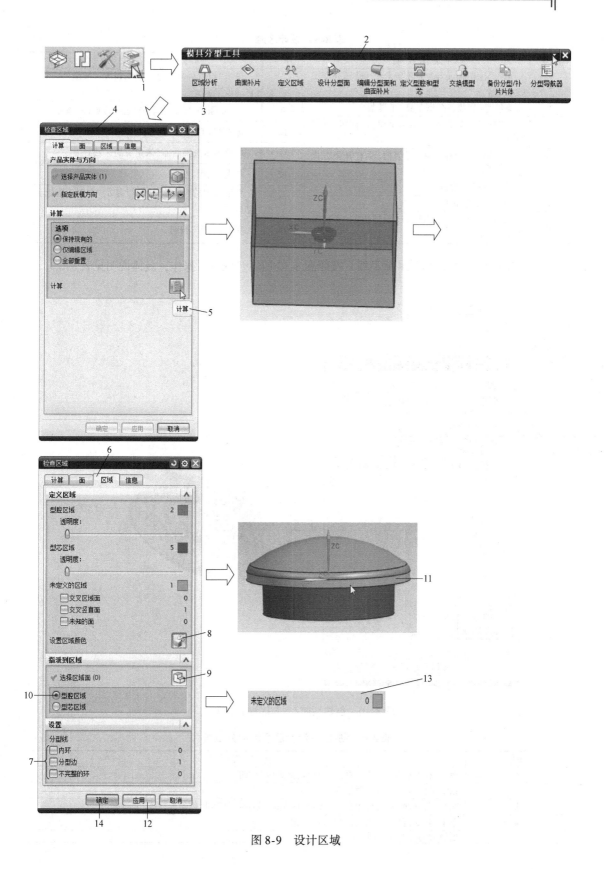

图 8-9　设计区域

表8-5　设计区域

序号	操 作 说 明	序号	操 作 说 明
1	单击"注塑模向导"工具条上的"模具分型工具"按钮	8	单击"设置区域颜色"按钮,设置区域颜色(系统自动设置)
2	系统弹出"模具分型工具"工具条	9	在"指派到区域"中单击"选择区域面"按钮
3	在"模具分型工具"工具条上单击"区域分析"按钮	10	选中"型腔区域"单选项
4	系统弹出"检查区域"对话框,注意开模方向为+Z方向	11	按照图示选择曲面(未定义的区域)
5	单击"计算"按钮	12	单击"应用"按钮
6	单击"区域"选项卡	13	对话框中的"未定义区域"显示为"0"(系统自动显示)
7	在对话框中取消"内环"、"分型边"、"不完整的环"三个复选框	14	单击"确定"按钮

（2）创建型腔/型芯区域和分型线　按照图8-10所示步骤进行操作，具体说明见表8-6。

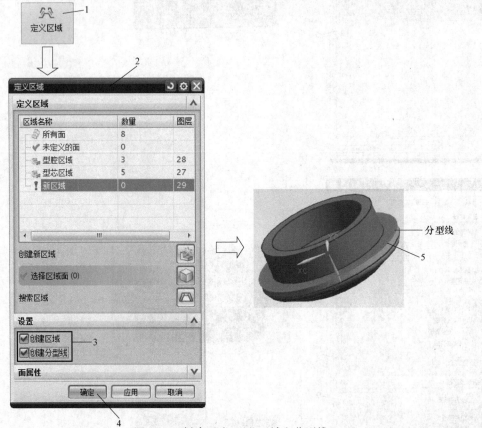

图8-10　创建型腔/型芯区域和分型线

表8-6　创建型腔/型芯区域和分型线

序号	操 作 说 明
1	单击"模具分型工具"工具条上的"定义区域"按钮
2	系统弹出"定义区域"对话框
3	在"定义区域"对话框中选中"设置"区域的"创建区域"和"创建分型线"复选框
4	单击"定义区域"对话框的"确定"按钮
5	创建后的分型线如图所示

（3）创建分型面　按照图 8-11 所示步骤进行操作，具体说明见表 8-7。

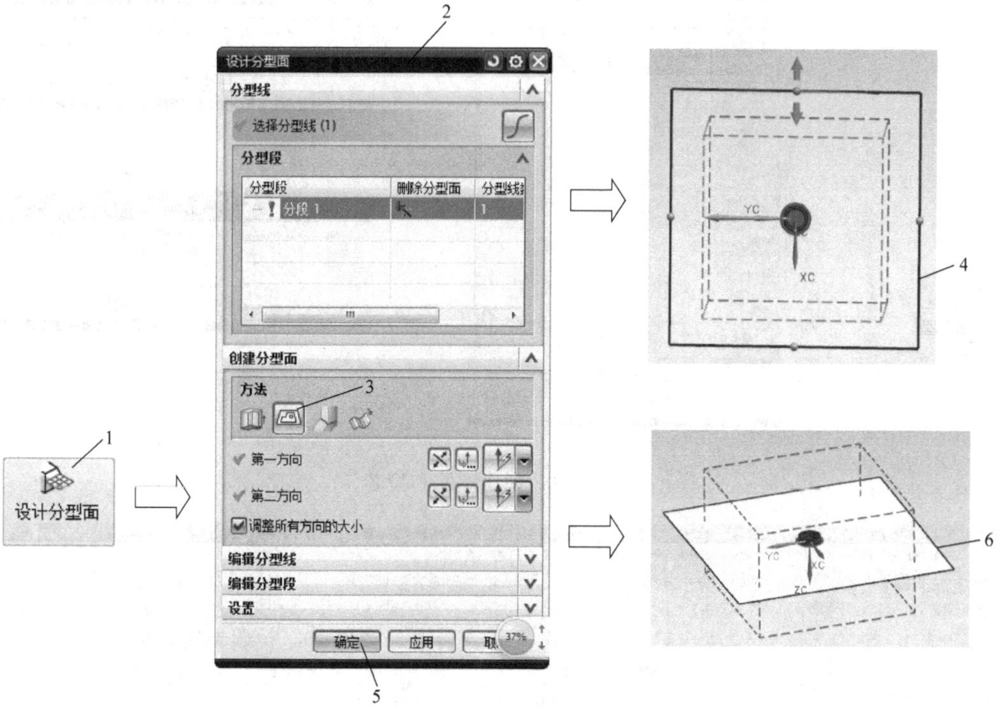

图 8-11　创建分型面

表 8-7　创建分型面

序号	操 作 说 明	序号	操 作 说 明
1	单击"模具分型工具"工具条上的"设计分型面"按钮	4	拖动小球调整分型面大小，使分型面大于工件大小即可
2	系统弹出"设计分型面"对话框	5	单击"设计分型面"对话框的"确定"按钮
3	在"设计分型面"对话框中的"创建分型面"区域中单击"有界平面"按钮	6	创建后的分型面如图所示

（4）创建型腔和型芯　按照图 8-12 所示步骤进行操作，具体说明见表 8-8。

表 8-8　创建型腔和型芯

序号	操 作 说 明	序号	操 作 说 明
1	单击"模具分型工具"工具条上的"定义型腔和型芯"按钮	4	单击"定义型腔和型芯"对话框的"确定"按钮
2	系统弹出"定义型腔和型芯"对话框	5	系统弹出"查看分型结果"，单击该对话框中的"确定"按钮
3	在"定义型腔和型芯"对话框中选取"所有区域"选项	6	系统再次弹出"查看分型结果"，单击该对话框中的"确定"按钮

（5）创建模具爆炸视图　单击"窗口"菜单，在下拉菜单中选择 ✔ 6. anniu_mold_top_000.prt ，切换到总装配图文件窗口。

按照单元 5 中所介绍装配爆炸图的创建步骤，创建模具装配爆炸图。爆炸结果如图8-13所示。

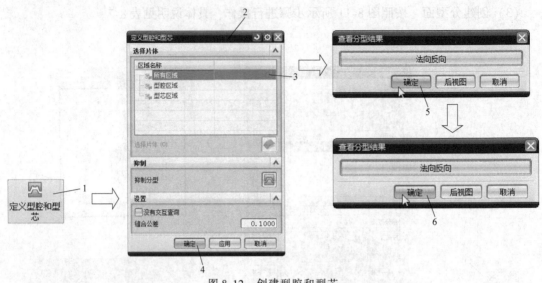

图 8-12　创建型腔和型芯

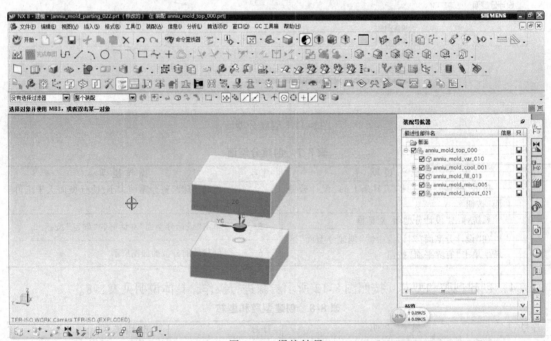

图 8-13　爆炸结果

最后保存文件，单击"文件"，在下拉菜单中选择"全部保存"。

练习题

打开资源包中的"exercise \ 8 \ kaiguan. prt"文件，如图 8-14 所示。创建开关零件的型腔和型芯。

图 8-14　开关

参 考 文 献

［1］ 毛炳秋，田卫军，李云霞，等. 中文版 UG NX 7.0 基础教程 ［M］. 北京：电子工业出版社，2011.

［2］ 赵旭，杜智敏，何华妹. UG NX 4 中文版模具设计基础教程 ［M］. 北京：人民邮电出版社，2007.

［3］ 云杰漫步多媒体科技 CAX 设计教研室. UG NX 6.0 中文基础教程 ［M］. 北京：清华大学出版社，2009.

［4］ 何煜琛，习宗德. 三维 CAD 习题册 ［M］. 北京：清华大学出版社，2010.